U0175780

河北省社会科学基金项目

中共河北省委党校（河北行政学院）资助出版

乡村振兴战略下
村庄整合与人口集聚
模式研究

宋国学　刘景芝◎著

人民出版社

目　　录

导　言

　　村庄是人口集聚的地方,是人类栖息、繁衍子孙后代的居住地。村庄起源于旧石器时代中期,随着人类文明的不断发展演化,快速发展的村庄,演变成为城市;缓慢发展的村庄,保持着原始的文明。

　　村庄是历史的产物,留有社会发展不同阶段的痕迹。古人在村庄选址时,经常考虑良好的气候、适宜的温度,防水、防火、防盗,土地肥沃适合耕种,水源充足,用水方便等因素。村庄顺着山脉走向、河流走向建立,依山傍水,村庄和村庄之间都有一定的距离,每个村庄基本构成独立的生存体系。

　　村庄赖以生存的资源是土地。狭义的土地指耕地、林地、山坡地等用于种植的地面;广义的土地指地面上包括山、水、田、林、湖、草、沙、冰、雪等多种自然要素在内的综合体,是自然界赋予人类取得生存所必需的资源总和。

　　人口集聚是"物以类聚,人以群居"的一种表现,是创造精神财富的一种方式。在村庄的发展过程中,人口集聚传递信息、传递思想、传递理念、形成习俗、创造文明。村庄人口集聚,推动了村庄的发展。村庄人口集聚形式由村庄居住方式决定,并随着村庄居住方式的变化而改变。

研究村庄整合与人口集聚的目的,是让村庄成为更适合人类居住的地方,让村民的精神生活更丰富,实现"生态宜居、乡风文明",涉及村庄发展的物质基础和精神文明,是一项系统工程,是乡村振兴战略的组成部分。

乡村振兴战略是中共中央和国务院继脱贫攻坚战之后开启的又一项伟大的世纪工程。战胜贫困,是各国人民的共同期待。新中国成立以来,党和国家始终把脱贫致富作为治国理政的主要任务。进入 21 世纪以后,脱贫进入到了关键阶段,脱贫的重点主要集中到了农村。到 2012 年,中国的脱贫攻坚战取得了阶段性的胜利,温饱问题全面解决,但是依然有一定数量的人口处在贫困状态,尤其是生产生活条件艰苦的地区,各种扶贫方法所需要的配套资源不具备,使得扶贫工作进展缓慢。扶贫到了最后攻坚阶段。

到 2017 年,脱贫攻坚战取得决定性的胜利。脱贫群众不愁吃、不愁穿,义务教育、基本医疗、住房安全有保障。贫困地区发展步伐显著加快,经济实力不断增强,基础设施建设突飞猛进,社会事业长足进步,行路难、吃水难、用电难、通信难、上学难、就医难等历史疑难问题得到解决。社会主义核心价值观得到广泛传播,文明新风得到广泛弘扬。党中央、国务院高瞻远瞩,审时度势,2017 年,习近平总书记在党的十九大报告中提出了乡村振兴战略。乡村振兴战略的目标任务是:到 2020 年,乡村振兴取得重要进展,制度框架和政策体系基本形成;到 2035 年,乡村振兴取得决定性进展,农业农村现代化基本实现;到 2050 年,乡村全面振兴,农业强、农村美、农民富全面实现。① 乡村振兴战略的总体要求是:产业兴旺、生态宜居、乡风文明、治理有效、生活富裕。目的是让农业成为有奔头的产业,让农民成为有吸引力的职业,让农村成为安居乐业的美丽家园。②

从 2013 年到 2020 年,历经 8 年,脱贫攻坚战取得全面胜利。脱贫攻坚战的胜利,为村庄整合与人口集聚奠定了物质基础。乡村振兴战略的实施,为村庄整合与人口集聚指明了方向,提供了政策支持和制度保障。乡村振兴战略的实施,能够促进乡村产业振兴、人才振兴、文化振兴、生态振兴、组织振兴。乡村振兴坚持因地制宜、规划先行、循序渐进,顺应村庄发展规律,根据村庄的历史文化、发展现状、区位条件、资源禀赋、产业基础分类推进。这些都是进行村庄整合与人口集聚所必需的,只有在乡村振兴的背景下,村庄整合与人口集聚才能顺利进行。

伴随着脱贫攻坚的不断深入,我国城镇化速度也在加快,农村人口不断减少。

农村人口减少的问题,制约了村庄建设和发展的步伐。这个问题,同时也是社会问题,到了必须解决的地步。解决此问题不可能把进入到城镇的村民重新拉回村庄,可以用村庄整合与人口集聚的办法来解决。

信息技术的发展推进了农业机械化和现代化工具的全面应

---

① 《中共中央国务院关于实施乡村振兴战略的意见》,人民出版社 2018年版,第 5—6 页。

② 《中共中央国务院关于实施乡村振兴战略的意见》,人民出版社 2018年版,第 4—5 页。

用。农业机械化和现代化是建立在规模经济基础上的,要求村庄资源集中利用。以物流为代表的新时代消费方式,要求居住集中、消费集中。村庄经济社会发展的客观现实,要求村庄整合与人口集聚。

按照村庄自然地理位置,可以把村庄划分为五种类型:山区高原地区村庄、丘陵地区村庄、沿江沿海地区村庄、平原地区村庄、城市周边村庄。

一、山区高原地区村庄整合与人口集聚的方式是:块状聚点

山区、高原地区,受自然地理环境等因素影响,村庄比较分散,规模不大,但数量较多,呈块状分布。选大块方形或圆形中心为人口集聚地,通过外力搬迁工程,实现村庄整合。在人口集聚地进行现代化基础设施建设,人口集聚地之间建桥修路,与外界连接,打通物流专线,方便外界物资、人才与资本进入村庄。

对于山区高原地区等自然条件比较差的地区,在原来易地搬迁、合村并村的基础上,按照山脉走向,考虑到距离的远近,选择以具有地理特征的一个块状区域的中心为聚点,将块状区域内的居民集中在聚点居住。被选为聚点的村庄,要允许村民有偿转让自己的住房和宅基地,允许外出务工人员可以将土地承包给搬来村庄居住的其他劳动者。

集拢来的村民除了承包聚点土地外,可以继续耕种原来的土地,也可以把自己原来住所的土地向外承包,这些土地适合包给养殖户。按规定,猪场、羊场、牛场等牲畜养殖场,离村庄和村庄水源的距离至少 500 米以上。搬迁后空出来的村庄比较适合

养殖。搬迁村不太适合村民居住，但作为养殖场还是能够很好满足要求的。

搬迁村原有的土地也可以租给药材生产专业户或者药材加工企业。药材属于草性，种植时不必精耕细作，种活之后，后续的劳动量不大。药材在山坡地生长更有利于其药用价值的提高。根据搬迁村的天然特点，其土地还有多种其他的外包方式，比如种草、种树等。

块状聚点能否顺利进行、能不能取得成功取决于聚点建设得是否宜居，是否对村民产生吸引力。

第一，聚点要有村民生活所必需的物质条件。电力供应充分；吃水方便；道路畅通，便于与外界联系；聚点有诊所，方便村民就医治病。第二，聚点要有村民赖以生存的经济来源。

山区高原地区的村庄聚点，根据村庄居民人口规模，可以规划一处或几处公共场所，供村民闲余时间集聚。村民在村庄的公共场所集聚，传递着信息、获得商业机会；互通有无，实现相互帮助；缓解邻里关系，疏解家庭矛盾。村庄的公共场所也是村民商讨村庄发展问题的地方，村庄的事情要在这里作出决定。

家庭是人口集聚的最小单位，家庭文化在家庭人口集聚中产生，村庄人口集聚是村庄文明开始的关键。聚点村庄设置公共场所，增加村庄人口集聚的规模和频率，推进村庄精神文明建设。村庄精神文明是村庄生产生活的稳定器。

二、丘陵地区村庄整合与人口集聚的方式是：按照山脉定点

丘陵地区没有明显的脉络，顶部浑圆，是山地向平原过渡的中间阶段。丘陵地区多分布于山地或高原与平原的过渡地带，也有少数丘陵出现于大片平原之中。丘陵地区不平整，但是差距不大。丘陵地区人烟稀少，村庄户数不多，人口密度很小。村庄与村庄之间的距离较大。丘陵地区居住的多是少数民族，从事的职业多是牧业。

整合丘陵地区村庄，应该按照丘陵地区山脉取向，靠近公路，特别要靠近贯穿区域的主要公路，靠近相邻区域居民居住地，选择现有人口较多的村庄为聚点，实施村庄整合。聚点要尽可能地沿着同一山脉或者临近山脉，这样可以节约搭建公共社会资源的成本。村庄与村庄要尽可能地在一条直线上，距离尽可能地均匀。

丘陵地区适合建设现代化牧场，利用现代通信技术对牲畜实施远程监控，对牧场实现远程管理。

丘陵地区的产品以外销为主，保鲜和保质是其面临的最明显的问题，适合建设资本密集型的深加工企业。

丘陵地区的人们，因为见面的稀缺性，所以人与人之间有一种天然的亲切感。他们好客、豪爽，经常用善良的心对待客人，很少用猜疑的心防范别人。不管认识不认识，很容易成为朋友。他们有团结起来，共同抗拒自然力量的天然需求，养成了互相帮助，乐于助人的优良传统。

丘陵地区的村庄集聚点，要建设公共场地，为好客的村民提供集聚场所。少数民族地区，公共场地的建设要符合民族特点。丘陵地区的村庄集聚点要尽可能地大一些，让尽可能多的居民齐聚一堂、相互熟悉，形成村庄的合力和凝聚力。

三、沿江沿海地区村庄整合与人口集聚的方式是:带状聚线

沿江沿海地区,借助江海这样的交通便利,建立了比较宜居的村庄。这些村庄分布在靠近江海较宽较长的范围内。由于这些区域生存条件较好,村庄比较多,村庄与村庄之间的距离比较小。村庄拥有的资源相对较少,但资源的经济价值比较高。

沿江沿海地区的村庄整合,需要把远离江海的村庄向靠近江海的村庄迁移,近江海的村庄向既近江海又有主导产业的村庄迁移。使沿江沿海地区的村庄,在靠近江海的较宽的带状范围内,向一条沿江沿海线的聚点上集聚,在线上选点,村庄向线和点决定的地点整合集聚。聚点的居住方式模仿城镇,向空间发展。聚点可以借鉴荷兰水乡发展模式,发展符合地方特色的农业小镇、渔业小镇。

沿江沿海地区的土地是稀缺资源,村庄住宅用地比较紧张。村庄整合,居住只能向空间发展。可以把平房改造成楼房,将空着的院落规划成为住宅楼。将小块土地连成大片承包给专业户经营。让专业户发展农场,发展养殖场,发展农村合作社。村民可以以土地入股,以资本入股。出让土地使用权的农民,可以在农场、养殖场、合作社打工获得收入。吸引远离沿江沿海聚点的居民加入聚点,将他们的土地也规划在连片经营的范围内,尽可能地扩大连片面积,给机械化大生产创造条件。

沿江沿海村庄,特别是靠近沿海城市的村庄,可以重点发展城市菜篮子工程,形成连片的蔬菜基地。发展水产养殖,实现规模化生产和经营。有工业基础的村庄,可以引进资本和技术,发展乡镇企业,特别是发展以水资源为原料的水产品加工业企业。

　　沿江沿海地区村庄整合之后,在聚点内规划多个公共场地。每块场地的面积可以小一些,主要供集会使用。考虑到沿江沿海地区雨水较多,公共场地要以室内为主。渔民出海格外关注天气,村民防范台风影响也格外关注天气,村庄公共场地的建设要体现出天气文化。同村不在同一个公共场地集聚,但是同村所发生的事情村民都是非常关心的,应该信息共享。需要在村庄公共场地之间建立信息共享通道,让村民都知晓村庄发生的事情。

　　沿江沿海地区的村民,他们多是小范围、随机性的集聚。村庄聚点在建设时就要考虑到这种人口集聚的特点,在村庄街道两旁适当位置留有空地,供村民随时交流使用。

四、平原地区村庄整合与人口集聚的方式是:按片设点

　　平原地区,因地理特征往往形成大片的村庄分布。村庄与村庄的距离很近,村庄密度较大,村庄面积占平原地区总面积的比例很高。平原地区生产生活条件较好,人口较多。人均自然资源有限,生产率比较高。

　　平原地区村庄整合,要选取片区中心,均匀选择聚点。临近村庄向聚点迁移,人口向设点集聚。村庄与村庄的距离尽可能地拉大,使土地尽可能地集成更大的片,为现代化工具的广泛利用创造方便条件。

　　平原地区村庄整合之后,居民居住问题由空间来解决,向空间发展,可以像小城镇一样建高楼大厦。当临近几个村庄的居民入住聚点之后,人口规模达到一定数量时,就可以发展成为特

色小镇。

　　平原地区聚点村庄建设高楼还有特殊用途。平原地区作为粮食主产区,适合建立现代化农场。可以将农民的田间操作室设置在高楼上,遥控操作远在田间耕作的机器。村庄居民到楼上居住,腾出来的地方,可发展第二、第三产业。腾出来的地面和邻村搬迁到聚点后腾出来的地面资源,可用作招商引资、兴办企业的厂房,发展农产品深加工企业。

　　平原地区人口集聚适合采用多点集聚的形式。平原地区的村庄聚集点人口多、事情多,需要协调的问题多,人口集聚、沟通非常必要。聚点村庄的每个生产队或村民小组要准备一个比较大的公共场地,场地要有室内和室外两部分。平原地区夏季阳光充足,室内场地可以避暑,室外场地要种植适量的树,供人们夏日乘凉。这个较大的公共场地,用于村民休闲娱乐和村民集会。集聚点人口较多,不容易集中在一个大的公共场地,每个生产队或村民小组,还要设置若干个比较小的公共场地,供村民随时集聚之用。

五、城市周边村庄整合与人口集聚的方式是:静待城市扩张

　　在每座城市的周围,都分布着众多的村庄,村庄坐落在以城市为中心的环形带上。受城市气息的影响,村民的思想一定程度上市民化了。城市周边村庄主要为城市居民提供以蔬菜为主的餐桌产品。这类村庄土地等资源极度稀缺,土地等资源的边际效益很高,村民对其期望值也高,如果进行村庄整合,其成本必然不低。可以维持现有居住状况不变,静待城市扩张,使其成

为城市的一部分。

村庄整合与人口集聚,不但涉及村庄的物质文明建设,而且涉及村庄的精神文明建设。完成这项重大工程,不但需要社会资本、人力资本、信息技术等物质力量的支持,还需要建设者同心同德、齐心协力、共克时艰的精神力量的支撑。

进行村庄整合与人口集聚需要满足一定的基础性条件:整合的聚点村庄要有其可持续发展途径;要能够将村庄的山、水、田、林、湖、草、沙、冰、雪等资源资本化;要建立新型集体经济,实现规模经济和提高集体效率。另外,还需要一系列政策和措施助力村庄整合与人口集聚的顺利进行和健康发展。这些政策和措施包括:吸引社会资本和人才进入村庄、根据村庄具体情况选择发展劳动密集型产业与资本密集型产业、大力发展村庄快递业务、发展村庄教育卫生事业、建设与维护好村庄硬件设施、加强村庄精神文明建设等。

第一章 乡村振兴战略出台的历史背景

2021年4月,《中华人民共和国乡村振兴促进法》颁布,乡村振兴以法律的形式进一步确定为今后一段时期党和国家以及地方各级政府农村工作的重点。乡村振兴战略,就是要促进农业全面升级、农村全面进步、农民全面发展,加快实现农业农村现代化。

乡村振兴战略是脱贫攻坚战取得决定性胜利之后的又一重大部署,是在脱贫攻坚战取得成果的基础上进行的。研究村庄整合与人口集聚问题,在乡村振兴战略的背景下才更有效。

第一节 农村土地改革

土地,狭义的概念指耕地、林地、山坡地等用于种植的地面;广义的概念指地面上包括地质、地貌、气候、水文、土壤、植被等多种自然要素在内的综合体,是自然界赋予人类取得生存所必需的资源总和。

我国的土地改革,改革的主题是狭义的土地概念的内容,因为狭义概念约定的是农民最为关心的土地的核心内容。每次土地改革,改革的重心是狭义土地改革概念约定的内容,同时包括广义土地改革限定的范围。

土地不仅仅是农民的命根子,也是人类生息繁衍的依赖。从农耕时代开始,土地就肩负着解决人类吃饭问题的重任,时至今日,尽管科学已经很发达,但替代土地解决人类吃饭问题的技术仍然没有出现,过去、现在和将来相当长的时间里,土地依然是人类解决吃饭问题的主要资源。

新中国成立之前,根据当时的经济、政治形势特别是战时形势的需要,农村的土地制度进行过多次改革。新民主主义革命初期,我国没有脱离半殖民地半封建社会的状态,农村土地还维持着封建土地制度,占农村人口不到5%的地主和富农,占有70%以上的土地。他们凭借占有的土地,剥削和压迫农民。占农村人口90%的贫下中农,只占有不到30%的土地。他们终年辛勤劳动,终因资源不足,食不果腹,饥寒交迫。封建土地所有制,严重阻碍了社会生产力的发展,是当时中国农村贫困和落后的根源。解决农民的土地问题,成为当时中国革命的基本问题之一。

1927年8月7日,中共中央在湖北汉口召开紧急会议,即重要的八七会议。会议确定了实行土地革命和武装起义的总方针,并把领导农民进行秋收起义作为当前党的最主要任务。提出发动广大农民自下而上地解决农村土地问题,没收大地主的土地,没收祠族庙宇等土地,分给无地的农民。对于小田主则给以减租。1927年11月9日,中共中央临时政治局在上海召开扩大会议,会议决定扩大土地没收的范围,决定一切地主的土地无代价地没收,一切私有土地完全归组织成苏维埃国家的劳动平民所公有。1930年10月中共湘鄂西特委第一次紧急会议在监利县城召开,会议通过了《关于土地问题决议案大纲》,规定没收地主阶级的土地和财产;没收富农所余出佃的一部分土地;不动中农的土地;不禁止雇佣耕种;土地不禁止买卖。中共中央在探索符合当时国情的土地改革政策,对当时集中过快过急的一些做法进行矫正。当时革命处于低潮,为了扩大革命阵线,中共中央对初期的土地改革政策做了适当的调整。当时政权不稳固,实行土地国有条件不完全成熟,因此中央确定了农民对土地的所有权。分好的地归农民私有,别人不得侵犯,生的不补,死的不退,可以自主租赁和买卖。对富农中农允许他们保留一定的土地,解决他们自己的吃饭问题。土地的产出,除了向政府缴纳土地税外,其余的归自己所有。分给农民的土地,生的不补,死的不退主要是为了稳定。土地确定之后,如果添人给地死人减地,会增加很大的工作量,会引起很多矛盾,甚至会引起内讧,消耗革命力量,也容易让反革命势力乘虚而入。当时人口增加缓慢,虽然没有计划生育的限制,但受医疗卫生条件和粮食供给等生活条件的限制,人口出生率高但死亡率也高,战争带来的人口减少的数量也很大,各种因素叠加导致短时间内去世的人数与出生人数接近。宏观总量上考量分给农民的土地,生的不补,死的不退有其可行性,但只是整体可行,而具体到每个村庄每个家庭又存在一定的问题,有的家庭人口是增加的且增加幅度较大,有的家庭人口不增加甚至是减少的,土地分配不均的问题就凸显出来。让农民获得土地,而且土地所有权多年不变,有利于激发农民参加土地改革的积极性,有利于扩大革命力量,扩大红色根据地,扩充革命武装部队。

在中国革命处于困难时期,发动农民革命,扩大革命力量是当务之急。团结一切可以团结的力量,是不可或缺的工作。土地改革工作体现了当时党的斗争策略。

1947年7月,中共中央在西柏坡召开全国土地会议,1947年9月通过了《中国土地法大纲》。《中国土地法大纲》第一条:废除封建性及半封建性剥削的土地制度,实行耕者有其田的土地制度。第二条:废除一切地主的土地所有权。第三条:废除一切祠堂、庙宇、寺院、学校、机关及团体的土地所有权。《中国土地法大纲》规定,土地分配按乡村全部人口,不分男女老幼,统一平均分配,在土地数量上抽多补少,质量上抽肥补瘦。① 平均分配的土地资源,还包括山林、水利、芦苇地、果园、池塘、荒地及其他可分土地。当时实行的是平均分配土地的政策,农民分到土地之后,归自己所有。

1947年7月,解放战争由战略防御转入战略进攻,解放战争取得最后胜利的曙光已经明确,这时的《中国土地法大纲》是对过去土地改革经验的总结和对新中国成立后彻底解决土地问题的探索。

1950年6月,中央人民政府颁布了《中华人民共和国土地

---

① 张景森等编著:《乡村振兴战略》,浙江人民出版社2018年版,第2—3页。

改革法》，该法规定，废除地主阶级封建剥削的土地所有制，实行农民的土地所有制，没收地主的土地、耕畜、农具、多余的粮食及其在农村中多余的房屋。征收祠堂、庙宇、寺院、学校和团体在农村中的土地及其他公地。没收和征收得来的土地和其他生产资料，由乡农民协会接收，以乡或等于乡的行政村为单位，在原耕地数量基础上，按土地数量、质量及其位置远近，统一、公平合理地分配给无地少地及缺乏其他生产资料的农民。没收和征收的山林、鱼塘、茶山、桐山、桑田、竹林、果园、芦苇地、荒地及其他可分土地，按照适当比例，折合成为普通土地也进行了分配。1950年的《中华人民共和国土地改革法》，规定了土地以村庄为单位的集体所有制。这个制度一直延续到1987年。

《中华人民共和国土地改革法》，是新中国成立后的第一部土地法，是在汲取过去土地改革经验教训的基础上建立起来的，是新中国成立之初土地改革的纲领性文件。它以法律的形式，指明了新中国农村土地的制度安排。到1952年年底，土地改革基本完成。

土地改革完成后，广大农民的生活条件得到明显改善，但是以家庭为单位的分散劳动方式，在资金、农具、劳动力、畜力等方面明显不足，不利于劳动效率的提高。1953年12月，中共中央通过《中共中央关于发展农业生产合作社的决议》，总结了新中国成立后农村建立农业生产合作社的经验，明确了引导农村从具有社会主义萌芽性质的互助组，到较高水平的社会主义初级社，再到更高水平的社会主义高级社的发展路线。在决议的推动下，各级政府掀起了建设农业合作社的高潮，宣传并引导农民建立或加入农业合作社、农业互助组等集体经济组织,国家在金融支持等方面也给予政策支持,农业合作社、农业互助组等农业集体经济形式迅速发展起来。

1952年完成的土地改革,比较适合当时农村生产力发展的要求,土地等生产资料分配到各家各户,有利于劳动生产率的提高。新中国在旧中国的废墟上建立起来,经历了多年战争创伤,百废待兴,百业待举,各行各业产品短期生产工具不足。受苏联高度集中的计划经济思想的影响,1954年开始,农村向着高度集中的合作化方向迈进。团结起来,齐心协力是人民军队战胜强大敌人的法宝,集体的力量大于集体成员单独行事力量之和,这种"1+1>2"的思想容易被经历过依靠群体力量才能生存下来的人们接受,于是轰轰烈烈的合作化运动和农业大生产运动开始了。农业大生产运动脱离了农业的产出能力,造成农业生产的盲目冒进,导致农村土地产量欲速则不达。国家发现问题之后,1960年9月30日中共中央提出"调整、巩固、充实、提高"八字方针,系统纠正"大跃进"和人民公社化运动中的错误倾向。以自然村为生产单位,较大的自然村又被划分为两个或几个生产队,生产资料和生产工具归生产队所有,以生产队为基础的土地集体所有制形式被确定下来。

改革开放以后,各地农村不断尝试各种土地使用方式。1978年11月24日,安徽凤阳小岗村18位农民按下"包干保证"血印文书,第二年就取得了粮食大幅度增收的明显效果。1980年9月,中央发出《关于进一步加强和完善农业生产责任制的几个问题》的通知,允许边远山区和落后地区的生产队实

行包产到户。1982 年中央一号文件明确指出,目前实行的各种
责任制,包括小段包工定额计酬,专业承包联产计酬,联产到劳,
包产到户、到组,包干到户、到组等,都是社会主义集体经济的生
产责任制。为农村最终选择家庭联产承包责任制以及家庭联产
承包责任制的完善给予了政策支持。

　　1987 年 4 月国务院提出,按照土地使用权和所有权分离的
原则,可以进行土地使用权有偿转让。1988 年 12 月 29 日第七
届全国人民代表大会常务委员会第五次会议通过了《中华人民
共和国土地管理法》的修改议案,规定“国家依法实行国有土地
有偿使用制度”。土地使用权可以依法出让、转让、出租、抵押。
这是改革开放之后又一次掀起了土地改革的进程,这次改革打
破了土地长期无偿、无流动、单一行政手段的划拨制度,开始了
以市场手段配置土地资源的制度。1988 年开始,全国大中小城
市逐步建立房地产交易所,城镇房地产市场逐步启动。农村启
动集体土地使用制度改革,同时改革农村宅基地使用办法,开启
了农村宅基地有偿使用历程。当时国家实行的土地承包政策,
明确了农村土地承包采取农村集体经济组织内部的家庭承包
方式。①

　　2008 年 2 月我国实施《土地登记办法》,对 1989 年实施、
1995 年修订的《土地登记规则》进行了修改完善,以规范的法律
条文推动土地有偿使用。2010 年中央一号文件提出,加快农村

---

　　①　张晓山:《乡村振兴战略:城乡融合发展中的乡村振兴》,广东经济出
版社 2020 年版,第 4—5 页。

集体土地所有权、宅基地使用权、集体建设用地使用权等确权登记颁证工作。[①] 将农村土地的使用纳入规范的法治范围,明确了土地资源的所有权和使用权不同主体与独立运营,为土地要素进入市场提供了政策支持,为土地资源的流通提供了法律保障,开启了农村土地流转的大门。

2015 年中共中央办公厅和国务院办公厅联合下发《关于农村土地征收、集体经营性建设用地入市、宅基地制度改革试点工作的意见》,该意见坚持土地公有制性质不改变、耕地红线不突破、农民利益不受损三条底线,在试点基础上推动土地要素进入市场。并且规定不得以退出宅基地使用权作为进城落户的条件,有力地推动了农村人口城镇化的进程。

土地是农村的主要资源,是农民赖以生存繁衍的物质基础,是农民最关心的问题。土地改革的历程也是农村发展的历程,是中国革命和建设的重要组成部分。中国的土地革命始终围绕全体农民的利益展开,为提高农民收入、扩大农民福祉服务。

土地制度制约农村经济和社会发展状况。乡村的物质文明程度、经济发展水平、居住情况、人口集聚情况、村民的精神文明建设水平等都与土地制度息息相关。

第二节　脱贫攻坚战

贫困是世界各国的共同敌人,战胜贫困是各国人民的共同

---

① 《中共中央　国务院关于加大统筹城乡发展力度进一步夯实农业农村发展基础的若干意见》,中国政府网,2009 年 12 月 31 日。

期待。新中国成立以来,党和国家始终把脱贫致富作为治国理政的主要任务。中国共产党的初心和使命,就是为中国人民谋幸福,为中华民族谋复兴。历届中国共产党领导集体,都把脱贫工作作为重要工作来抓。改革开放以来,中国共产党领导中国人民加快了脱贫的步伐。进入21世纪以后,脱贫进入到了攻坚阶段,脱贫的重点主要集中到了农村。

以毛泽东同志为核心的党的第一代中央领导集体,针对中国农民的贫困问题,选择了合作化道路。毛泽东指出:"全国大多数农民,为了摆脱贫困,改善生活,为了抵御灾荒,只有联合起来,向社会主义大道前进,才能达到目的。"①毛泽东认为,建立在封建经济基础之上的小农经济因为不能形成规模化生产,只有建立合作社才能使人民群众摆脱贫困。1955年7月,毛泽东在《关于农业合作化问题》报告中,强化了合作化思想。号召各级领导干部引导广大农民走合作化道路,通过互助合作方式形成农村集体经济,通过集体经济的发展,实现共同富裕。以毛泽东同志为核心的党的第一代中央领导集体在脱贫问题上的探索,为中国脱贫事业进行了有益的探索,为我国的中国特色社会主义的发展积累了经验。由于没有找到解决农村问题的有效途径,结果农村贫困问题没有解决。到改革开放之前,解决中国贫困问题的途径仍在探索之中。邓小平曾说,"我们干革命几十年,搞社会主义三十多年,截至一九七八年,工人的月平均工资

---

① 《毛泽东文集》第六卷,人民出版社1999年版,第429页。

只有四五十元,农村的大多数地区仍处于贫困状态"。① 按照当时我国确定的贫困标准,1978 年,农村贫困人口为 2.5 亿人,占农村总人口的 30.7%②。

改革开放以后,我国的脱贫工作进行到了一个新的阶段,解放生产力、发展生产力成为脱贫的主旋律。从 1986 年开始,我国开始实施有计划、有组织、大规模的农村扶贫开发。1994 年,国务院颁布了《国家八七扶贫攻坚计划(1994—2000年)》,对扶贫开发作出了宏观规划和设计。1997 年 9 月召开的中国共产党第十五次全国代表大会上,江泽民强调"国家从多方面采取措施,加大扶贫攻坚力度,到本世纪末基本解决农村贫困人口的温饱问题"。③

到 20 世纪末,我国的经济能力取得了巨大的提升,综合国力明显增强,社会主义各项事业都取得了很大进步。党中央和国务院在农村的工作包括扶贫工作都取得了非凡的成绩。中国共产党第十五次全国代表大会确定的"到本世纪末基本解决农村贫困人口的温饱问题"的目标基本完成。

进入 21 世纪后,我国扶贫开发的战略重点开始从解决温饱为主转入巩固温饱成果、加快脱贫致富的阶段。2001 年 6 月 13 日,国务院颁布《中国农村扶贫开发纲要(2001—2010 年)》,这

---

① 《邓小平文选》第三卷,人民出版社 1993 年版,第 10—11 页。
② 韩振峰:《新中国成立以来中国共产党扶贫脱贫事业的演进历程》,《光明日报》2020 年 6 月 10 日。
③ 《十五大以来重要文献选编》(上),人民出版社 2000 年版,第 29—30 页。

是进入 21 世纪以来,国家颁布的扶贫工作的纲领性文件,文件指出该时期的奋斗目标是在坚持开发式扶贫方针的基础上,以经济建设为中心,引导贫困地区群众脱贫致富,尽快解决贫困人口的温饱问题,进一步改善贫困地区的基本生产生活条件,提高贫困人口的生活质量和综合素质,改善生态环境,在尽快解决贫困人口温饱问题的同时,巩固已脱贫农村贫困人口的生活水平,逐步改变贫困地区经济、社会、文化的落后状况,为达到小康水平创造条件。2007 年 10 月,中国共产党第十七次全国代表大会上,明确提出"着力提高低收入者收入,逐步提高扶贫标准和最低工资标准,建立企业职工工资正常增长机制和支付保障机制"①等目标任务,使扶贫任务继续向纵深发展。2011 年,国务院颁布了《中国农村扶贫开发纲要(2011—2020 年)》,明确要求把集中连片特殊困难地区作为主战场,把稳定解决扶贫对象温饱、尽快实现脱贫致富作为首要任务,实行扶贫开发和农村最低生活保障制度有效衔接。

进入 21 世纪后开始的扶贫,不同于温饱时期的扶贫,这时的扶贫,既扶贫又扶智,授之以鱼不如授之以渔。以给予式为主的扶贫被以产业式为主的扶贫所代替。扶贫对象不但脱贫,而且走上了致富道路,扶贫成果得到保障,实现了高质量、可持续扶贫。到 2012 年,中国的脱贫战役取得了阶段性的胜利,温饱问题全面解决,返贫现象基本消除,脱贫人口生活稳定,收入逐

---

① 胡锦涛:《高举中国特色社会主义伟大旗帜 为夺取全面建设小康社会新胜利而奋斗——在中国共产党第十七次全国代表大会上的报告》,人民出版社 2007 年版,第 39 页。

年增长,生活建立在比较稳固的基础之上,很多脱贫家庭已经走上了小康之路。但是依然有一定数量的人口处在贫困状态,尤其是生产生活条件艰苦的地区,各种扶贫方法所需要的配套资源不具备,使扶贫工作进展缓慢。扶贫到了最后阶段但也是最难的阶段。

在 2012 年 11 月召开的中国共产党第十八次全国代表大会上,中央根据当时的情况,提出要"深入推进新农村建设和扶贫开发,全面改善农村生产生活条件","努力让人民过上更好生活"。[①] 党的十八大为中国脱贫进入到攻坚阶段作出了战略部署。习近平总书记强调,"小康不小康,关键看老乡"[②],关键在贫困的老乡能不能脱贫,承诺"决不能落下一个贫困地区、一个贫困群众"[③],拉开了新时代脱贫攻坚的序幕。

2013 年,党中央提出精准扶贫理念,创新扶贫工作机制。

2015 年,党中央提出实现脱贫攻坚目标的总体要求,实行扶持对象、项目安排、资金使用、措施到户、因村派人、脱贫成效"六个精准",实行"五个一批"工程,即发展生产脱贫一批、易地搬迁脱贫一批、生态补偿脱贫一批、发展教育脱贫一批、社会保障兜底一批。2015 年 11 月,国务院印发《中共中央 国务院关

---

① 胡锦涛:《坚定不移沿着中国特色社会主义道路前进 为全面建成小康社会而奋斗——在中国共产党第十八次全国代表大会上的报告》,人民出版社 2012 年版,第 23、34 页。

② 中共中央文献研究室编:《习近平关于全面建成小康社会论述摘编》,中央文献出版社 2016 年版,第 21 页。

③ 中共中央文献研究室编:《习近平关于全面建成小康社会论述摘编》,中央文献出版社 2016 年版,第 156 页。

于打赢脱贫攻坚战的决定》,正式把精准扶贫、精准脱贫作为扶贫开发的基本方略,脱贫攻坚上升为具有重大历史意义的战役。

这一时期,党中央从全面建成小康社会大局出发,把扶贫开发摆在治国理政的突出位置,全面实施精准扶贫、精准脱贫战略,因地制宜,具体情况具体分析,多措并举,一个又一个贫困县、贫困村走上富裕之路。

2017年10月,在中国共产党第十九次全国代表大会上,明确提出了"坚决打赢脱贫攻坚战"①的战略任务,提出经过3年奋斗,到2020年完成脱贫攻坚战的奋斗目标。在5年脱贫攻坚的基础上,又开始了3年脱贫攻坚战的新征程。2020年,脱贫攻坚战圆满结束。

从2013年到2020年,历经8年,脱贫攻坚战取得全面胜利。脱贫群众不愁吃、不愁穿,义务教育、基本医疗、住房安全有保障。贫困地区发展步伐显著加快,经济实力不断增强,基础设施建设突飞猛进,社会事业长足进步,行路难、吃水难、用电难、通信难、上学难、就医难等历史疑难问题得到解决。脱贫攻坚,不但取得了物质上的成绩,也取得了精神上的硕果。社会主义核心价值观得到广泛传播,文明新风得到广泛弘扬。

脱贫攻坚硕果累累,为农村的进一步发展奠定了基础。8年来,中央、省、市、县财政专项扶贫资金累计投入近1.6万亿元,全国累计选派25.5万个驻村工作队、300多万名第一书记

----

① 习近平:《决胜全面建成小康社会　夺取新时代中国特色社会主义伟大胜利——在中国共产党第十九次全国代表大会上的报告》,人民出版社2017年版,第47页。

和驻村干部,200万名乡镇干部和数百万村干部一道奋战在扶贫一线。脱贫攻坚,政府是投入的主体并且起主导作用,农村的软硬件设施明显改观。

2021年2月25日,习近平在全国脱贫攻坚总结表彰大会上庄严宣告:"我国脱贫攻坚战取得了全面胜利,现行标准下9899万农村贫困人口全部脱贫,832个贫困县全部摘帽,12.8万个贫困村全部出列,区域性整体贫困得到解决,完成了消除绝对贫困的艰巨任务,创造了又一个彪炳史册的人间奇迹!"①

脱贫攻坚战的主战场在农村,脱贫攻坚战的胜利为乡村振兴战略的实施奠定了基础。

第三节　乡村振兴战略

2017年,脱贫攻坚战取得了阶段性成果,全面胜利近在咫尺。党中央国务院高瞻远瞩,对完成脱贫之后的农村,进行了长远规划和战略部署。2017年10月18日,在党的十九大报告中提出了乡村振兴战略。党的十九大报告指出,"农业农村农民问题是关系国计民生的根本性问题,必须始终把解决好'三农'问题作为全党工作重中之重"②,实施乡村振兴战略。之后中共中央、国务

---

① 习近平:《在全国脱贫攻坚总结表彰大会上的讲话》,人民出版社2021年版,第1页。

② 习近平:《决胜全面建成小康社会　夺取新时代中国特色社会主义伟大胜利——在中国共产党第十九次全国代表大会上的报告》,人民出版社2017年版,第32页。

院连续发布文件,对乡村振兴战略的实施进行全面部署。

2018 年 5 月 31 日,中共中央政治局召开会议,审议通过了《乡村振兴战略规划(2018—2022 年)》。2018 年 9 月,中共中央、国务院印发了《乡村振兴战略规划(2018—2022 年)》,该规划指出,乡村是具有自然、社会、经济特征的地域综合体,兼具生产、生活、生态、文化等多重功能,与城镇互促互进、共生共存,共同构成人类活动的主要空间。全面建成小康社会和全面建设社会主义现代化强国,最艰巨最繁重的任务在农村,最广泛最深厚的基础在农村,最大的潜力和后劲也在农村。

在 2017 年 12 月 28—29 日召开的中央农村工作会议上,明确了实施乡村振兴战略的目标任务:到 2020 年,乡村振兴取得重要进展,制度框架和政策体系基本形成;到 2035 年,乡村振兴取得决定性进展,农业农村现代化基本实现;到 2050 年,乡村全面振兴,农业强、农村美、农民富全面实现。会议强调,走中国特色社会主义乡村振兴道路:一是必须重塑城乡关系,走城乡融合发展之路;二是必须巩固和完善农村基本经营制度,走共同富裕之路;三是必须深化农业供给侧结构性改革,走质量兴农之路;四是必须坚持人与自然和谐共生,走乡村绿色发展之路;五是必须传承发展提升农耕文明,走乡村文化兴盛之路;六是必须创新乡村治理体系,走乡村善治之路;七是必须打好精准脱贫攻坚战,走中国特色减贫之路。①

---

① 《中央农村工作会议在北京举行　习近平作重要讲话》,新华网,2017年 12 月 29 日。

乡村振兴战略的总要求是:产业兴旺、生态宜居、乡风文明、治理有效、生活富裕,目的是要建立健全城乡融合发展体制机制和政策体系,加快推进农业农村现代化。① 走中国特色社会主义乡村振兴之路,让农业成为有奔头的产业,让农民成为有吸引力的职业,让农村成为安居乐业的美丽家园。

2021 年 1 月 4 日,《中共中央 国务院关于全面推进乡村振兴加快农业农村现代化的意见》出台,对脱贫攻坚战胜利后农村重要工作给出明确的指示。2021 年 2 月 25 日,国务院直属机构国家乡村振兴局正式挂牌,专门负责乡村振兴战略的实施工作。2020 年 12 月,中共中央、国务院印发了《关于实现巩固拓展脱贫攻坚成果同乡村振兴有效衔接的意见》,提出扶上马送一程,巩固脱贫攻坚成果,指导战役从脱贫攻坚转向乡村振兴。2021 年 4 月 29 日,第十三届全国人大常委会第二十八次会议通过《中华人民共和国乡村振兴促进法》,根据这部法律,2021 年 5 月 18 日,司法部印发了《"乡村振兴 法治同行"活动方案》。从法律层面为乡村振兴战略的实施提供保障。

实施乡村振兴战略,是解决新时代我国社会主要矛盾、实现"两个一百年"奋斗目标和中华民族伟大复兴中国梦的必然要求。实施乡村振兴战略是建设现代化经济体系的重要基础,是建设美丽中国的关键举措,是传承中华优秀传统文化的有效途径,是健全现代社会治理格局的固本之策,是实现全体人民共同

---

① 习近平:《决胜全面建成小康社会 夺取新时代中国特色社会主义伟大胜利——在中国共产党第十九次全国代表大会上的报告》,人民出版社 2017 年版,第 32 页。

富裕的必然选择。

土地改革让农村村民有了可持续获得生产生活资料的基本保障,脱贫攻坚使乡村的居住环境有了基本的保障,乡村振兴战略的实施,会使乡村的经济社会得到全面的发展。经过脱贫攻坚战,乡村的基础设施建设有了很大的改观,为乡村振兴战略的实施奠定了基础。可以预见,在不远的将来,人们会欣赏乡村的自然风光,享受乡村的夜晚宁静,热爱乡村的质朴劳动,向往乡村的安居生活。

村庄整合与人口集聚,要求村庄有必要的基础设施和一定的物质基础,过去村庄达不到整合的条件。乡村振兴战略,就是要促进乡村产业振兴、人才振兴、文化振兴、生态振兴、组织振兴,推进城乡融合发展。乡村振兴坚持因地制宜、规划先行、循序渐进,顺应村庄发展规律,根据村庄的历史文化、发展现状、区位条件、资源禀赋、产业基础分类推进。这些都是进行村庄整合与人口集聚所必需的,只有在乡村振兴的背景下,村庄整合与人口集聚才能顺利进行。村庄整合与人口集聚是乡村振兴的一项内容,是乡村振兴战略中的一个组成部分。

第二章　村庄居住与人口集聚情况

居住地是人类栖息、繁衍子孙后代的地方，是生存的集中体现。村庄的产生是生产力发展到一定阶段的结果。村庄居住形式随着生产方式的改变而变化。村庄人口集聚形式由村庄居住方式决定，不同的历史时期，有不同的人口集聚形式。居住是一种生存形式，人口集聚是一种村庄文明，是一种村俗文化。在村庄的发展过程中，村庄人口集聚传递信息、传递思想、传递理念，维系村庄的发展。

第一节　村庄的产生与村庄文明

村庄是人类集聚地。古人在村落选址时，经常考虑良好的气候，适宜的温度，居住的安全，防水、防火、防盗，土地肥沃适合耕种，水源充足，用水方便等因素。村庄顺着山脉走向、河流走向建立，依山傍水，村庄和村庄之间都有一定的距离，以便每个村庄都有其对应的资源而不相互争夺，每个村庄基本构成独立的生存体系，基本自给自足。居住在村庄里的人，基本上从村庄周围的自然界中获得食物维持自身的生息繁衍。村庄像一颗颗棋子镶嵌在山川之间,湖泊河流之旁,也被称为乡村。因为居住在村庄里的人主要以农业为生,村庄以及它那广袤的土地又被称为农村。

在猿进化为人的过程中,没有固定的居住地,也没有居住的村庄。在猿进化为猿人之后,经常以母亲为中心,以家庭为单位,选择栖息地,虽然他们的活动有范围,但地点不固定。在以渔猎为生的年代,为了抗拒自然力,为了更容易捕捉动物,为了有效防御野兽的攻击,族人经常集体活动,但仍然没有固定的居住地。他们经常群居在天然的山洞、树洞、岩石下面。随着猿人数量的增加,需要的食物也要增加,有限范围内容易捕捉的动物以及树上的野果不能满足吃饱的需求,捕猎数量的增多加大了捕猎的难度,为了解决维系持续生存的困难,人类开始制造石器。

在原始社会的旧石器时代,受到自然条件的极大限制,制造石器一般都是就地取材,从附近的河滩上或者从熟悉的岩石区捡拾石块,打制成合适的工具。一些能够提供丰富原料的山地就会有人从周围地区不断来到这里,从岩层开采石料,就地制造石器,因而出现了一些石器制造场。在石器制造地,人们日出而作,日落而息,族人聚落形成了,逐渐发展到族与族之间的集聚。集聚的范围不断扩大,而且固定下来,村庄就形成了。

村庄约起源于旧石器时代中期。在旧石器时代中后期,村庄的功能主要是防御其他动物和其他村庄的人威胁本村庄里人的安全;协调村庄居民一起捕捉猎物,集中工匠智慧制造生产工具。到了原始社会的新石器时代,村庄的功能扩大了。增加了动物驯化、植物栽培、陶瓷制造等功能。①

随着人类文明的进步,村庄不断发展演化。在原始公社制度下,以氏族为单位的村庄聚落是普遍的形式。进入农耕经济时代,村庄作为生产单位,打破了氏族界线,居住关系多样化,血缘关系是主线。在农区或林区,村庄是固定的;在牧区,固定村庄、季节性固定村庄和游牧的帐幕集聚村庄兼而有之;在渔业区,还存在以舟为居室的船户村。进入资本主义社会以后,工业的发展,要求人口高度集中,以族人或血缘关系为主的村庄居住模式被彻底改变,城市或城市型聚落迅速发展,村庄聚落逐渐失去优势而成为居住体系中的低层级的组成部分。

考察村庄的发展历程不难发现,城镇是由村庄发展形成的,城市和乡村是同源的。城市是村庄走向高级化的结果。当村庄的手工业作坊发展为工业企业,与之相适应的商业服务同步发展起来之后,人口集聚的规模到达一定的程度,村庄就演变成为城镇,城镇的继续发展和壮大,就形成了城市。

和城市相比较,村庄是居住体系中比较原始的形式,村庄文明也更多地保留了村庄原始文明的烙印。走进村庄,我们经常听见的是爷、奶、伯、叔、姨、姑、哥、姐等对上称谓以及弟、妹、儿、女、孙等对下称谓。很少见到因为找不到称谓或者没有亲缘关系而直呼其名的情况,尤其是在居住户很少、人口数量不多的村

---

① 赵之枫:《乡村聚落人地关系的演化及其可持续发展研究》,《北京工业大学学报》2004年第3期。

庄,直亲近亲很多。这就决定了村庄文明更多地带有家族文明的痕迹。家规上升为族规,族规发展成为村庄默认规则。家庭文化上升为家族文化,家族文化哺育了村庄文化。家庭习惯上升为家族习惯,家族习惯组成了村庄风俗。

村庄文化根植于亲情,借取来往、赊欠、赠予、互相帮助等非货币中介交易蔚然成风。互联网时代,村庄和外部世界的接触越来越多,受到外界的影响也越来越大,吸收外部营养改变自身价值取向的情况也越来越多。国家的价值导向、地域的价值特点都对村庄文明产生越来越大的影响。但村庄的基础文明内核仍然保持着,这也是民族文明代代相传所必需的。

村庄文明是维系村庄这一基本居住形式的精神力量,在研究解决村庄问题时,这一力量的作用是不能被忽视的。

第二节　村庄居住与人口集聚方式变化

一、村庄居住方式变化

村庄居住方式随着农业生产方式的改变而变化。

改革开放之前,我国农业人口占绝大多数,是农业大国。那时土地等生产资料由集体统一安排使用,生产动力主要是畜力和人力。由于单位时间畜力和人力的劳动量有限,所以需要的劳动力很多,决定了村庄人口规模较大,居民户也很多。村庄面积很大,村民以生产队或者生产小组为单位在村庄中分片居住,有利于生产队集体组织劳动。当时没有机械化收割,需要把粮食运到村子里指定的地方,在那里将粮食晾晒、收获,然后集中储存。村庄里的畜力、劳动工具等都是集体的,所以村庄的集体公用面积很大,但各家各户居住面积相对较小。

实行家庭联产承包责任制以后,村庄包括土地等生产资料归家庭所有,各家各户住宅面积开始扩张。住户不但要饲养猪、鸡、羊、鸭等肉食类家禽,还要饲养牛、马、驴、骡等劳动类家禽。这些家禽需要栖息之地,家禽的草料也需要存放之地。土地等资源归家庭使用之后,劳动工具由家庭自己准备,储备劳动工具也需要一定的空间。村庄家庭住宅面积不断扩大,住宅前后左右空间被充分利用,原有的公共场地逐渐被新组建家庭及搬迁家庭使用。这个时期村庄居住情况表现为各家各户居住面积扩大,村庄公共空间缩小,村庄整体面积扩大。

随着农村经济的不断发展,农民收入的增加和生活水平的不断提高,农民不断改善居住环境。村庄住宅,多为独门独户,房屋周围是院落,用于存放农业生产工具,储藏劳动产品,养殖家禽,种植蔬菜等。房屋以一层为主,也有多层建筑。农村宅基地使用权归居民户所有,限制买卖和转让。村民可以在自己院子内建设、修缮、改造。由于家庭劳动力数量不同,收入增长速度不同,房屋建设差别较大。

进入21世纪以后,国家加大了扶贫力度,农村居住条件发生了很大变化。旧房危房被拆除重建,土房、草房改造为砖瓦房,土墙变成砖石墙,大街小巷被有规划地改造。随着中国城镇化水平的不断提高,农村人口城镇化速度加快、规模加大,村庄新增户主减少,离开村庄的人数越来越多,村庄停止了扩张。

进入脱贫攻坚阶段,绝大多数村庄摆脱了贫困面貌,走上了富裕小康之路。农民收入不断增加,资本增长速度加快,资本存量增加,农户具备了购买大型农业生产工具的能力,机械化工具在生产中应用的规模越来越大。农业生产机械化工具的使用,让农民的体力劳动更多地被替换出来,一个家庭有能力耕种的土地数量增多,伴随着土地流转政策的实施,更多的农民走出村庄,以农民工、城市商人等身份外出打工。特别是户籍制度放开以后,很多农民到城镇居住,村庄住户减少。村庄总占地面积虽然没有大的变化,但实际住户数量和村庄人口总量都在减少,相当于村庄的居住规模在收缩。

二、村庄人口集聚方式变化

人口集聚是一种文化,是人类生活中的一个重要组成部分。通过人口集聚,人们互通有无、传递信息,传递生产生活经验与教训。共享生产生活中成功的喜悦,分担生产生活中失败的烦恼。正式的人口集聚,可以群策群力地探讨、研究一些重大问题,攻克技术难题。通过人口集聚,经常让人们获得意想不到的收获,实现"1+1>2"的效果。

村庄人口集聚的方式随着生产方式的改变而改变,与村民的居住方式密切相关。改革开放之前,村庄普遍实行以生产队为单位的生产方式,集体出发、一起干活、集体收工。晚饭后或者是下雨阴天不能下地干活的时候,村民们往往走出家门,集聚在一起聊天。这种集聚是村民们喜闻乐见的形式,有时在上午下午开始劳动之前,村民们吃完饭就早早出门,聚在一起谈天说地,放松心情,到时间再一起出发到地里干活。那时村集体是生产资料的所有者和使用者,是家家户户生产生活资料的来源,村民们生产生活依靠集体,形成了人的行动总是带有集聚的特点。

改革开放以后,特别是 20 世纪 80 年代,农村普遍实行家庭联产承包责任制,农村经济迅速发展,一度出现农村发展快于城市的速度,村民种地的收入增加很快,村庄的物质生活水平迅速提高,村民洋溢着幸福的喜悦。但家庭联产承包责任制下的生产单位是家庭,不是集体了,所以人口的集聚方式也发生了变化。在以生产队为单位进行集体生产劳动的时候,整个村庄的村民或者整个生产队的村民集聚在一起的时间比较多,生产队有事要组织开会,生产劳动统一组织,劳动成果统一分配。有目的的组织集聚或者无目的的集聚情况都比较多。包产到户后家庭的主要生活来源是自己的小家庭劳动,这时集体时代形成的人的集中集聚开始向家庭小范围集聚转变。劳动时间不再统一,什么时候有时间就什么时候到地里劳动,累了就收工,劳动时长完全由几个家庭成员决定,村庄人口很少集聚,至多是在某家有红白喜事时,集聚在一起的人数多一些,其他时间集聚就很少了。有时两个或几个家庭合作种地,生产工具集中使用,互通有无。人力畜力或者机器动力合作使用,余缺互补。这样两个或者几个家庭经常集聚在一起共事或者消闲娱乐。总的来说,这时村庄经常出现的较多人数的人口集聚活动被松散的人数较少的家庭或联合家庭人口集聚方式所取代。

20 世纪 80 年代后期,在农村家庭联产承包责任制改革取得重大成果的基础上,中国城市开始改革。当时城市人口虽然少于农村,但是人数比较集中,人口密度很大,消费能力很强。

面对短期的生产生活资料,工业发展空间巨大,工人工资很高,劳动的边际收益很高。同时,城市的发展特别是城市基础设施建设需要众多劳动者。中国城市改革开放和城市基础设施建设为农村劳动力提供了更高更好的收入空间,于是农民工产生了。

实行家庭联产承包责任制后,产权关系清晰了,每家每户全力工作,生产效率明显提高。同时村民也发现,他们手中的土地等生产资料有限,一年之中必要劳动时间不多,剩余劳动时间很多。在土地产出取得丰收之后,他们在闲余时间也在思考继续创收的问题。正好城市的发展为他们提供了机会,大量的村民成群结队离开村庄到城市打工。在城市,打工的村民以老乡为纽带,相互介绍工作,合作工作或者相互靠近、相互照顾、合租房屋。劳动休假时间,他们集聚在一起,谈论劳动、分享信息,讨论赚更多钱的途径等他们共同关心的问题。这时的村庄村民,哪里有劳动的需要,就奔向哪里。哪里容易生存,就在哪里落脚。在劳动淡季,或者节假日,特别是春节,他们组成浩浩荡荡的返乡大军,借助各种交通工具,结伴返乡。外出打工村民人口集聚方式,是运动式、机动型的,小范围人口集聚,并且不固定,小范围集聚的人数和个体经常处于变化之中,乡情是其纽带。

在村庄里的人口集聚则是另一番景象。伴随着大批农民工同时出现的是农村人口减少的问题。村庄有劳动能力的青壮年劳动力,多数外出打工。村庄留下的多为没有能力外出打工的年龄比较大的村民,能够见到的少数年轻人,因为孩子没人照看或者家里有病人出不去。留在村庄的人一般比较悠闲,他们仨一团俩一伙,夏天集聚在大树下,冬天集聚在太阳直接照晒的地方,谈天说地。尤其是到了20世纪90年代,机器生产工具和农药不断地被用于农业生产之中,机器替代了人的一些劳动,比如畜力扣地被拖拉机扣地取代,人力收割被机器收割取代。农药、薄膜等生产资料也取代了人的一些劳动,比如使用薄膜之后草长得少了,使用农药之后草基本被杀光了,不再需要人工拔草。如此一来,单位耕地面积需要的劳动力越来越少,劳动的人口不断减少。另外的一些人,便是老人和留守儿童,成为村庄人口集聚的主要部分。这时村庄的人口集聚,显示出了既松散分布又小范围集聚的特点。老年人或领着孩子的老年人集聚在一起,谈论着他们关心的话题。

人口集聚方式是由生产方式决定,与生存环境和居住条件密切相关。

第三节　宽松优惠政策,有利于村庄人口流动

居住本质上是选择问题,在哪儿居住,以什么方式居住,居住多长时间等都由户主选择后确定。但是,村庄居住情况及其变化情况是受到一系列政策影响和制约的。

新中国成立初期,城市经济容量很小,工厂所能够生产的产品不多,使用的劳动力有限,当时的城市居民劳动力被有计划地安排到工厂劳动,劳动强度不大。城市劳动力虽然没有出现过剩的表现,但更没有出现短缺现象。其实当时的市场对产品的需求很大,属于产品供不应求的情况,但是工厂的生产技术低

下,生产能力不足,吸纳不了更多的劳动力就业。经过战争的创伤,城市基础设施千疮百孔,承受居民生产生活的能力不强,只能支撑有限数量的居民生存。

新中国是经过多年战争后建立起来的,首先要解决的是粮食问题,所以,必须有相当数量的农民。考虑到当时的客观情况,国家出台政策,严格限制农民进城。主要的限制手段是户口,严格实行户籍管理,城镇居民户口和农村户口明显区别,农村户口如要转为城镇户口几乎是不可能的。

改革开放之后,特别是 20 世纪 80 年代中期以后,城市经济迅速发展,城市容纳劳动力能力迅速增强。80 年代初开始的严格的限制生育的政策,对城市新增人口限制的力度很大,城市家庭基本上是一对夫妻一个孩子,一个家庭两个孩子的很少。而农民虽然也是同样的计划生育限制政策,出于各种各样的理由,基本上是一对夫妇两个孩子,一个家庭一个孩子的不多,有的家庭还有三个孩子。农村虽然实行家庭联产承包责任制,农村经济有了很大的发展,但依然不能解决农民的充分就业问题,出现了大量的剩余劳动力。当时城市经济的主体是工业经济,多为以加工制作为主的劳动密集型产业,需要大量的劳动力。恢复高考之后,城市青年比农村青年具有更好的教育资源和学习条件,更容易考上大学和研究生,在那个人才青黄不接的时期,大学生和研究生毕业后绝大多数人进入研究机构和设计管理部门,进入工厂补充工人队伍的人数不多,多重因素叠加,使工厂出现"用工荒"。城市经过一段时间的发展之后,其基础设施建设大大加强,对居民的承载能力明显提高。考虑到现实情况,各地区各级政府不同程度地放松人口流动管制。大批农民工涌入城市,具备条件的直接落户城镇。

20 世纪末,农村实行土地家庭联产承包责任制 30 年不变政策,解除了农民进城的后顾之忧。[①] 进入 21 世纪以后,农村实行土地流转等一系列政策,进城农民通过土地流转盘活了村庄资源,为他们安心在城镇打工创造条件。

城市改革对城市来说,实际是开启了大规模城市工业化道路。城市工业化进程的加快,推动了人口集聚和资本集聚。城市工业的集中有利于工业企业低成本且方便地获得生产资料。城市的密集人口有利于工业企业产品的低成本销售。城市加工业、制造业、建筑业的集中发展,推动了城市的发展和扩张,带动了城市第三产业的发展。第三产业中,如餐饮、装修、物流、装卸等属于劳动密集型产业,需要很多体力劳动者,这些城市就业岗位实际上是给农民工准备的。

当我国从制造业大国向制造业强国转型,以及实行供给侧结构性改革的时候,城市基本完成了大批农民工的第二产业和第三产业吸收接纳。虽然城镇化仍在加快的进程中,但实际上能够进城务工人员基本都进入到了城镇,只是户籍仍然在农村。

当城市从工业化时代进入到后工业化时代,工业生产,特别是机器大工业生产,可以迅速地实现从产品短缺到产品过剩的转变,绝大多数成熟产品都完成了这种转变。企业是经济的细

---

① 张晓山:《乡村振兴战略:城乡融合发展中的乡村振兴》,广东经济出版社 2020 年版,第 96—97 页。

胞,企业产品需求旺盛是企业茁壮成长的源泉。当企业产品堆积到一定程度时,就产生了对消费市场的需要。现代工业的发展其动力除了消费市场以外,另一个动力是创新产品。创新需要人的智慧和能力,有足够数量的人才能有足够强大的创造力。所以,城市经济发展到一定程度后需要相应程度的消费群体的支撑。随着物质水平的不断提高,人们对以服务业为主的第三产业的需要也越来越多。城市第三产业的发展需要一定数量的城市人口的集聚。

2008 年世界金融危机爆发,为应对危机,世界各国纷纷出台经济刺激计划,我国也不例外,出台了一系列支持产业政策,包括支持房地产行业负债发展的政策和购买多套住房的贷款优惠政策,这些政策在拉动经济尽快复苏的同时,也造成了产业投资过快,部分产品供大于求的不利后果。包括房地产产品在内的一些城市产品滞销,作为拉动经济增长三驾马车之一的消费需求明显不足,城市的发展客观上产生了对消费市场、劳动力资源、人力资源的需求,各地城市管理部门放松了各种限制人口流动的管制,很多城市还给出了各种优惠政策吸引人才落户,并且不断降低人才门槛,从硕士学位以上降低到学士学位以上,再降到中等职业技术学校毕业。各地推出的吸引人才政策,虽然不包括农民工,但城市人才集聚的越多,为人才提供吃喝穿住用生活资料的第三产业人员也需相应增加,同样形成了对农村劳动力的需求增加。

2014 年,除北京、上海等特大城市外,其他城市基本取消了户籍等管制,完全放开了户口,很多城市还给出了落户优惠政策,比如在孩子入学入托的问题上,实行租住同权,不但吸引人才落户,而且直接吸引居民落户城镇。与此同时,率先实行农村土地承包权30年不变的地区,又继续沿用30年不变的政策,即再延长30年不变。国家根据经济情况的变化,出台政策要求地方政府不再要求进城农民退出农村的宅基地。城市、农村频频出台的一系列政策支持了农民进城的决心,消除了农民进城的担心,降低了进城农民的生活成本,一定程度上解决了进城农民的困难。

2016—2020年,全国很多城市出台吸引居民落户的一个原因是人口老龄化。始于20世纪80年代初的计划生育政策,在减少了我国人口总量的同时,也带来了人口结构失衡等问题。由于出生人口减少,青年儿童在人口中的比例明显下降,这让我国提前面临老龄化问题。老年人消费能力有限,边际消费倾向是递减的,相对于强大的工业产出能力,城市工厂生产的很多产品都消费不足。组织消费者,保障经济发展后劲就成为城市管理者非常关注的问题。

2021年,国家根据我国人口老龄化情况,出台了放开三胎的生育政策,是在放开二胎生育政策后人口出生率没有明显提高的基础上出台的,并且给予生育三胎的家庭一定的配套政策。根据国外的经验,当经济发展到一定水平时,特别是社会保障水平比较高的情况下,就是完全放开生育,人口出生率也不高,甚至还可能是下降的。所以,国外一些发达国家不但对生育没有胎数限制,而且只要生育就给予优惠照顾。尽管我国短时间内不会出现放开生育限制人口出生率降低的情况,但是可以预见,放开三胎生育限制,我国的人口也不会和 20 世纪 60 年代那样出现人口爆发式增长的现象。

　　农民离开村庄进城发展,城市劳动的边际生产率高,社会保障水平高,教育教学质量高,医疗卫生条件好等都是农民进城的理由,但是如果没有政策的放开,就不会有大规模的人口城市化。可以说,一系列宽松优惠的政策有利于村庄人口流动。

第三章　影响村庄整合与人口集聚的主要因素

　　村庄整合与人口集聚是一种制度安排,是人与人之间、家庭和家庭之间利益的调整,某种程度上是生产资料的重新分配。这种生产关系的变革,需要村民的大力配合。需要村民有合作意识和集体观念,能够从大局出发,从长远考虑,有舍小家顾大家的风格。关心小环境,更要关心大环境。村庄居住是群体行为,人口集聚是群体活动,居住得安心,集聚得高兴,要求村民能够通情达理、坚持正义、相信科学。找出影响村庄整合与人口集聚的主要因素,让村庄优势在村庄整合与人口集聚中不断扩大,让制约村庄整合与人口集聚的因素受到有效抑制,有助于村庄发展。

第一节　村庄的宜居属性

　　经济基础决定上层建筑是人类社会发展的基本规律,村庄经济发展,决定村庄的总体面貌。经过多年来的联产承包等多种灵活有效的经营,通过 8 年脱贫攻坚战,村庄的生产生活条件得到了根本性的改变。农民的温饱问题得到了彻底的解决。

农民的居住问题也从根本上得到解决。过去作为居住的土房草房已经不见了,过去盖不起房子的农村贫困户,基本上通过政府资助的方式住进了新房。这些新房是砖混结构的瓦房,比较坚固。

农村行路难的问题有了根本性的改变。现在村村通柏油路或水泥路,户户通水泥路,过去的土路已经不见了,即使是人口不多的山区高原地区,也已经告别了土路和砂石路面。可以说,农村现在是村村通、户户通。

家家户户都有了自来水——即使是小范围简易的水塔和水路,也比人挑马驮的取水方式先进得多。

村村户户不但通电,而且是比较安全地解决了用电问题。村庄经常停电的现象明显减少,即使停电也很快恢复。有了充足的电力供应,南方季节性临时防寒与防暑,北方夏季临时防暑和漫长冬季的取暖问题有了基本保障。

北方的农村,家家户户基本上都安装了土锅炉,再辅助太阳能手段,很好地保证了冬季取暖所需要的温度。适应节能减排的要求,土锅炉、土暖气正在逐渐被燃气取暖、太阳能取暖所替代。

现在农村用的东西可以说应有尽有。过去,农民买东西需要坐车或开农用车到附近的城镇买,或者到隔几天一次的集市上去买。集市,出摊人比较多,买东西的人也比较多,供给与需求对接,完成原始意义上的商品交换。随着快递业的迅速发展,农村实现了足不出村的便捷购物,虽然有的产品受邮寄费用等条件的限制还实现不了网上购买,但越来越多的产品实现了网上购买。当然农村的集市没有被完全取代，人们对此依然乐此不疲，因为集市除了具有商品交易功能外，还有人与人之间的交往功能。

村庄的天然优势在于它的绿水、青山、天然、绿色、无空气污染，在交通运输四通八达的情况下，在信息畅通的信息时代，其宜居的基本属性逐步显现出来。[1] 尽管制约村庄发展的若干问题依然存在，阻碍农村进步的障碍还很多。

村庄居住有固有的特征。不同的地域，不同的地理位置，村民居住有不同的方式和特点。山区高原地区受自然地理条件和环境约束，村民居住多以散居为主；丘陵高原地区多表现为集聚型、松散团聚型和散居型；平原地区村民居住多表现为团状、带状和环状。村民居住地也不是一成不变的，随着经济发展其形态不断发生变化。交通状况改善后，村民居住地向条带状和集聚型发展；经济发展水平相对较高的河谷川道等地区，村民居住地逐步演变为集聚型、大型村庄；经济发展相对落后的丘陵山区、高原地区和黄土高原地区，村民居住地多发展为分散型、小型村庄。不同形态的村庄，凭借其地质特征，可以雕塑成一道道靓丽的风景线。

第二节　村庄需要建立合作发展组织

20 世纪 80 年代，农村凭借充足的劳动力和比较充裕的自

---

[1]　宋国学：《功能型小城镇建设——中国经济发展之后的城镇化道路》，吉林大学出版社 2014 年版，第 156—157 页。

然资源,乡镇企业轰轰烈烈地发展起来。20世纪80年代中期城市开始改革,城市工业因为市场的巨大需求发展得同样如火如荼。经历了1988年的抢购和1992年的严重通货膨胀,中国物价水平迅速提升。邓小平1992年南方谈话之后,中国改革开放的步伐加快,承接国外加工制造业务迅速增加,工业生产企业产出能力大大加强,到20世纪90年代末,中国产品市场由卖方市场转变为买方市场,产品实现了由供不应求到供过于求的转变。异军突起的乡镇企业,除了少数企业实现转型升级存活下来外,绝大多数企业破产倒闭。之后随着城镇户籍制度的不断放开,城镇化率逐年提高,乡镇企业积累起来的资本到城镇寻找升值机会,农村剩余劳动力到城镇发展,企业、资本、劳动力撤离农村。

村庄要发展必须有根植于村庄的企业。通过合作社、合伙企业等形式对农产品原材料进行加工,提高价值。

现在村庄的情况不同于20世纪80年代,现代市场也不是原来的市场,不可能建立类似于20世纪80年代的乡镇企业,应该在土地家庭联产承包的基础上建立村庄合作组织。以村庄村民为主,引入社会资本和人才,几家、十几家,或者整个村庄的村民户组成一个承包单位,承包连片的大片土地,参与者以土地入股,以资金入股,以人才入股,依靠劳动和资本获得收入。几家几户联合起来,组成以农产品原料为加工对象的农产品深加工企业,对直接产于土地之上的农副产品进行加工、包装,避开中间环节,利用网络、快手、京东、拼多多等平台,直接面向消费者,将农产品全产业链的利润都留在村庄。

目前农产品尤其是粮食的收购,包括国家的收储,基本是中间商从村民手中收粮,然后加价卖给国家收储粮库或者农产品深加工企业,这期间问题很多。中间商一边抬高农产品最终加工企业的收购价格,一边压低售粮农民的出售价格,挤占种地村民和农产品深加工企业的利润空间。让我们做一个大致估算:以种谷子为例,北方农民一年的劳动,一个农民承包集体土地以及转包给他人的土地平均5亩左右,一亩地生产谷子1000斤左右,年产谷子5000斤。采购商以每斤2.5元左右的价格收粮,然后每斤加价约1角卖给粮食加工企业,粮食加工企业以每斤几分钱的费用加工成小米,一斤谷子出0.72斤左右小米。粮食加工企业以每斤4.5元左右的价格卖给超市,超市以每斤6元左右的价格卖给消费者。5000斤谷子产出3600斤小米,消费者付出21600元[21600元=12500元(农民)+500元(采购商)+3200元(粮食加工企业)+5400元(超市)]。四部分人的毛收入中农民最多,但是农民12500元的毛收入要用1年的时间,采购商收谷子并送一次谷子到粮食加工企业5天左右,粮食加工企业加工并派送小米到超市5天左右,超市卖出5000斤小米1个月左右。以此估算四部分人一天的毛收入:农民一天34元,采购商一天100元,粮食加工企业一天640元,超市一天180元。四类工作,每类工作都可以由一个人独立完成。可见,农民一天的收入最低。并且,农民的收入几乎就是一年的全部收入。采购商在两个月左右的粮食收购高峰期之后,其余时间还可以有其他收入。粮食加工企业广泛收储原粮,基本全年不间断生产。超市集很多货物于一家,每天都有收入。

再比如大白菜,北方农民种大白菜,70 天左右可以卖,菜商 0.3 元左右一斤收菜,到附近城市超市卖 1.5 元一斤。一亩地产大白菜 10000 斤左右,消费者需要花费 1.5 万元买这些白菜,可农民只得到 0.3 万元,只有售价的 1/5。当遇到极端天气时,大白菜涨到 5.8 元一斤。将北方大白菜保存到冬天,3 元左右一斤。但是这种超额红利,种地农民得不到。这些价值的增加,只需要一个保鲜库或者冷库。

假如农民 5 亩地的毛收入都留下来,5 亩地的毛收入大约是 21600 元,和 12500 元比较收入接近翻倍。现在网上直播带货已经被消费者广泛接受,通过网络销售把产品从田地直接送到餐桌,省去中间环节,利润基本留在了乡村。销售小米,网上销售到全国甚至世界各地,平均价格 8 元每斤,5 亩地的毛收入至少 28000 元,是 12500 元的二倍多。

如果乡村再建立起深加工企业,同卖简单加工的产品相比,毛收入又会倍增。将小米加工成小米面,做成煎饼,一斤谷子至少变成一斤煎饼(因为还要加水),售价变为 18 元左右。5000 斤谷子,毛收入变为 90000 元,是 12500 元的 7 倍多。农户联合起来组成合作组织就可能实现这样的种地收入。

当农户联合起来,形成生产小组,以一个集体的形式同深加工企业谈判就可以取消不必要的中间环节。联合起来的农户相互制约,相互监督,有利于规避道德风险;以一个整体和深加工企业谈判,更容易和企业达成协议。农户联合起来也有能力承担运输成本,容易形成销售规模,实现规模经济。土地一家一块的土地耕种方式,除了在种地与秋收过程中的各种问题外,在卖粮时期也非常不方便。生产小组的建立,使本来的一些私人信息一定程度地变成了公开信息,信息不对称的情况少了,很多问题就避免了。

粮食的利润率本来就不高,村庄村民种地除了卖粮很少有其他收入,只有把卖粮的利润完全留在种地人手中,增加种地人的种地收入,才能提高种地人种地的积极性,使他们专心种地,文明种地,诚信种地,使村庄良好社会风气发扬光大。

在村庄建立种地企业、粮食深加工小型企业、农副产品网上直销企业等形式,拓宽庄里人种地的利润空间,使农民在种地之外还有其他工作可做,既利用了种地之后的闲余时间,又增加了收入,拓宽了与村庄外界交往的空间,责任意识、法律意识都会增强,文明进步的村庄文化会得到加强。

在村庄建立各种企业小组,与 20 世纪 50 年代走合作社道路形式相似,但本质不同。这里提倡的企业小组,是生产力发展到一定阶段所允许的,是在现有的村庄生产生活条件下可以实现的。新中国成立以来,村庄的土地由分散经营到集中经营,再由集体集中经营到农户一家一户分散经营,再到几家几户联合经营,每次变化,形式相似,但内容不同。

第四章　村庄整合与人口集聚的可行性

　　信息技术是当今世界先进的生产力。在信息经济时代,农村经济社会发展离不开信息技术,只有充分利用信息技术工具,才能使农村进入高水平发展的快车道。信息技术工具的应用,需要进行信息技术基础设施的建设。乡村振兴战略的实施,为农村信息技术基础设施建设提供了物质保障。信息技术工具有效发挥作用的基本条件是规模经济,农村经济发展应该建立在适当规模的基础上。农村经济发展的客观现实,要求村庄进行整合,人口实行集聚。

　　乡村振兴战略实施的过程,也是信息技术工具在农村经济社会发展中应用的过程。在此过程中,村庄整合与人口集聚的条件已经成熟。

第一节　现阶段村庄整合成本较小

　　农村的主要经济来源是种地,主要产品是粮食,提供的是餐桌产品。农村也有副业,副业多数围绕主要产品展开。农村的主业和副业主要针对餐桌产品进行生产经营。

中国是人口大国,餐桌产品价格稳定是国家稳定的基础。餐桌产品的价格不能大起大落,尤其不能涨得太快,否则影响收入较低阶层的生活保障,引起严重的社会问题,甚至导致社会动荡。我国各级政府在两个问题上始终紧抓不懈:一个是粮食产量,一个是粮食价格。十八亿亩耕地红线不能突破,就是为了保证粮食的产量。2021 年,中央政府投入大量的资金进行种子研究,是要将大国吃饭问题的解决完全建立在自力更生的基础之上。粮食的种植面积不减少,产量稳步提高。虽然我国放开了三胎政策,人口总量也不会出现爆发式增长,粮食的供给与需求可以长时间实现平衡。根据供给与需求决定价格的原理,可知在我国粮食价格可以长时间保持稳定。

粮食生产受天气变化的影响较大,天气变化特别是异常天气对粮食产量会有较大的影响。我国每年都要进口一定数量的粮食,国外粮食产量的变化也会一定程度地影响国内粮食价格。国家的收储粮制度有效防止了粮食价格的大起大落,使粮食价格保持基本稳定。

随着经济发展,物价总体水平是上涨的。多年来,我国粮食价格也在上涨,但涨幅很小,经常小于 CPI 增长幅度。这种稳定对国家稳定发展、人民群众安居乐业都是必需的。同时,这种稳定带来的问题是农民特别是种粮农民增收缓慢,阶段性需要支付较多费用的农民往往会寻找非农工作增加收入,客观上降低了农民对土地的依赖。改革开放以后,城市的发展给农村发展提供了非常多的非农工作机会。比较而言,从事非农产业的农民,他们的货币收入往往远高于农业收入,示范效应的结果是更多的农民产生脱离土地离开村庄进入城镇提高经济收入的想法。正是由于农民固守土地的期望值下降了，村庄经济发展的途径增多了，进行村庄整合的成本也减小了。

尽管粮食价格增长缓慢，但是农民的生活有保障。承包地多年稳定不变的政策、种粮补贴政策、自然灾害救济政策、土地流转政策等保障了农民的基本生活。并且这些优惠政策不因为村民本人不在村庄就被取消。有这些政策保护，村庄村民可以无忧无虑地流动到他们想去的地方，去可以获得更高收入的地方。当村庄村民不把土地当成他们唯一生活来源的时候，村庄变革的交易成本就减小了。将农民从劳动边际产值比较低的地方，搬迁到劳动边际产值比较高的地方，交易成本会大大降低。村庄进行搬迁、合并、改造以至于重新规划，其难度都会降低。

农村人口减少的问题出现后，庄里庄外人都盼望村庄有大的变革。现在村里青壮年劳动力少，年龄较大的劳动力较多，他们利用土地等农村资源创造财富的能力很低，期望也不高，对现有生产资料充分利用的想象空间有限，处于一种创新能力不足的状态。进行村庄整合，他们的既得利益不会减少。相反，减少的只是他们孤单的状态，增加的是幸福指数。因此，庄里人容易接受新的变化，阻力不大。对于孤寡老人和留守儿童，更希望村庄大一些，人多一些，他们希望村庄变化好，把村里留守儿童的父母吸引回来。漂泊在外打工的村民，其子女和父母是他们的牵挂，村庄整合人口集聚，包括通信在内的各项基础设施都会建设得更好，方便他们与家人联系和回家探望。村庄整合是他们所希望的。

乡村振兴战略,是脱贫攻坚战胜利后的又一项国家战略,它是在我国全面建成小康社会的基础上进行的,是要将农村建设成产业兴旺、生态宜居、乡风文明、治理有效、生活富裕的现代化农村。开发村庄的生产、生活、生态、文化等多重功能,与城镇互促互进、共生共存,共同构成人类活动的主要空间。这一宏伟蓝图注定了村庄的美好未来,奔向美好前景的任何努力,都会被村民所欢迎、所喜爱。在脱贫攻坚阶段,中央人民政府和各省市地方政府投资,对村庄的基础设施进行了大规模的改造。村庄路面硬化,街道安灯,家家通柏油路或水泥路。垃圾在指定的位置堆放并且安排专门人员定期清理。残破院墙焕然一新,危房、漏房得到改造或者重新搭建。深居大山之中,居民户比较少的村庄都迁出了大山,移居到附近条件好的村庄。这已经是一定程度的村庄整合了,只是整合的范围比较小而已。这种村庄整合,让村民享受到了实实在在的好处,为大规模的村庄整合进行了很好的示范宣传,也为大规模村庄整合做好了铺垫。乡村振兴战略,要在脱贫攻坚取得前期成果的基础上进行,是前期工作的继续,是对村庄建设工作的又一次升华,村庄整合与人口集聚是乡村振兴战略的一个不可分割的组成部分,是乡村振兴的一项内容,在乡村振兴战略实施的过程中,进行村庄整合与人口集聚,可收到事半功倍之成效。

乡村振兴战略的实施,同脱贫攻坚一样同样需要中央和地方政府的政策支持。建设村庄,发展农业产业,开发农村资源,不论是基础设施建设还是社会资源开发建设,都需要相当大的资金投入。如果这些资金投入到规模过小的村庄,过于分散的村庄,将是对政府资金的浪费,得不偿失。特别是在基础设施建设方面,会造成大量的重复性建设,浪费政府资源。村庄整合与人口集聚,集中社会资源,提高社会资源的规模效益,避免重复建设,节约经济成本。村庄整合与人口集聚,也需要村庄相应投入一定数量的资金,在乡村振兴战略实施的过程中,这项资金的解决变得相对容易。

乡村振兴战略的实施,中央政府和地方各级政府在给予的政策组合包里,不但有支持资金,还有产业支持政策和人才支持政策。在乡村振兴战略实施的过程中实施村庄整合与人口集聚,容易搭上村庄发展产业的顺风车,获得村庄发展所需要的人才。

第二节　信息经济发展有利于村庄人口集聚

目前世界经济有三种形态:农业经济、工业经济和信息经济。不发达国家仍然处于农业经济时代,主要以农业为主要经济来源。发达国家已经进入了信息经济时代,以信息产业为代表的第三产业是国家主要的经济来源。发展中国家多数处于从工业经济为主向以信息经济为主的经济形态转变过程中,我国就处在这种转变的阶段。

信息经济最大的特点是它的虚拟性和空间的零距离。信息经济发展,使得人口居住方式和集聚形式出现了不同于以往的特征。过去人们愿意居住在遮风避雨、交通方便、靠近市场的地方,城市是比较理想的选择。信息经济时代,人与人之间的距离已经减小为零,人和人的网上交往打破了地域限制和国界限制,使人的交际面变得非常大。即使住在城市的人,同城交往更多的形式也是在网上而不是过去那种面对面的交往。网上交往的效率不在于人居住在城市还是乡村,只取决于网络的速度。当城市的网速和村庄的网速没有区别时,网上交流的效率就与人居住在村庄还是城市没有关系了。通过网上的交流是虚拟的交往,是零距离的交流,在虚拟的空间里进行思想碰撞,比在现实世界里面对面地交流更省时间、省费用,而且不受交通拥堵、末班车等限制,交易效率提高了。

信息经济时代,买卖产品无需一定到产品交易市场,网络提供了众多的产品交易平台。过去人们愿意住在城市里,原因之一是城市的大商场商品较多,品类齐全,购买方便。网店发展起来以后,消费者尤其是年轻的消费者,更喜欢在网上商店购物。将实体店和网上商店相比较,发现网上商店更具有优势。到实体店购物来回路程、排队结算等需要很长时间,网上购物方便快捷。网络购物可把不同网店上的同类产品搜索出来进行多方面比较,有更多选择空间。实体商店虽然把同类商品也陈列在一起,但受空间条件限制较多,同时对商品的了解比较依靠销售员的说明、购买者的感知和说明书的介绍,具有一定局限性。在网店上,产品的性能、质量标注得非常详细,技术指标等与使用相关的问题都能即刻查到,还有来自实际购买消费者的评价,可以让消费者从多个角度在多种同类产品中进行选择。网上购物不受时间、地域的限制,消费者不论在哪里,只要网络畅通,24小时随时都可以购物。虽然网上商店缺少实体店的亲身体验,但随着 VR 技术的迅速发展,很快网上体验也会达到实体店体验的效果。

网上办公的时代已经大规模开始。邮件传递指令、QQ 安排工作、微信传递信息、腾讯视频召开会议,这样远程办公的方式已经开始很多年了。新冠肺炎疫情暴发加快了网上办公的推广速度。网上办公,为适合网上办公的单位和企业节约了时间,减少了开支,提高了工作效率。人们的工作、劳动方式正在发生巨大的变革。这种变革已经使人的理想居住观念发生了很大变化,过去那种一味向大城市靠拢的观点很快就会成为历史。到环境优美的地方居住,到远离闹市区的地方办公,成为一种时尚。不远的将来,这种时尚会蔚然成风,会决定性地改变人类的居住方式和居住理念。

我国经济发展处在由以工业经济为主向以信息经济为主转变的时期,是世界信息技术发展如火如荼、方兴未艾的时代。在信息经济时代实行乡村振兴战略,农村的信息通信工程建设是不可或缺的工作。让现代信息技术,打通村庄与世界联络的通道。让 4G、5G 技术,解除距离对村庄信息传递的阻隔。居住于天人合一的优美自然环境的村民,不再与世隔绝。网上办公、视频会议替代了摩天大楼的喧嚣和城市交通的拥堵。远程教育、网络医疗的发展使庄里人同样享有先进文化、卫生资源。信息技术高速发展,克服了村庄生活的劣势,彰显了村庄生活的优势。

信息经济时代,村庄信息的获得与城市已经没有太多的区别,只是个别村庄的网速慢些,当 5G 基站布局到村庄的时候,通过手机上网,网速慢的问题可以有效解决。村庄居住的另一个问题是和外界的货物往来。现代物流的发展,使村庄与世界实现了货物自由运输,只是因为村庄规模较小,运输成本要高于城市。客观现实要求村庄整合,实现人口集聚,形成规模经济,降低物流成本。5G基站等通信设施的建设,也需要村庄整合与人口集聚。信息技术的广泛应用和物流业的普遍发展同样要求村庄整合与人口集聚。

乡村振兴战略的实施,村庄的宜居特质很快显现出来,将会对社会上很多居民产生吸引力,吸引人口向村庄集聚。田园诗般的生活是几百年来人类理想生活的追求,但因信息不畅、与世隔绝,使美好向往只能成为可望而不可即的"伊甸园"。信息技术的发展使世界变成了地球村,伊甸园式的理想生活完全可以变为现实。村庄整合,需要资金与建设人才,信息技术为资金与人才流向村庄提供了方便,使村庄整合成为可能。乡村振兴战略的实施是使这种可能变为现实的保障。国家乡村振兴的配套政策如允许土地流转等,为社会资本和建设人才进入村庄提供了政策保障,对社会资源产生很大的吸引力,高素质人才、社会资本对乡村振兴建设越来越感兴趣。只要人才、资本流向村庄,就会形成高素质人口集聚。

第五章　乡村振兴战略下村庄整合与人口集聚模式

　　我国八年脱贫攻坚战,使农村贫困人口全部脱贫,整个农村走上小康之路。乡村振兴战略的实施,必将使农村生产生活水平再上一个台阶,村庄面貌发生天翻地覆的变化。在乡村振兴战略下实施村庄整合与人口集聚,可以收到事半功倍的效果。实际上,村庄整合与人口集聚本身就是乡村振兴的内容,是乡村振兴大战役中的一个子战役。

　　村庄是人类古老的居住形式,是社会生产力发展不同阶段的产物。人类社会生息繁衍,首要的任务是解决吃饭问题。在解决餐桌问题的漫长过程中,村庄依靠其周围的自然资源和自然环境,形成了不同的居住习惯,呈现出不同的状态和类型。不同类型的村庄,在乡村振兴战略实施过程中,有其不同的整合模式与人口集聚方式。

第一节　山区高原地区块状聚点

　　村庄村民在哪里居住,以什么方式居住,由生产方式决定,并与自然环境有关。靠山吃山、靠水吃水是人们对生存方式的总结。

一、山区高原地区村庄整合的制约因素

山区高原地区村与村之间直线距离虽然不远,但交通不便,村民之间的来往很少,经济社会发展缓慢。孤寡老人、留守儿童现象严重,还有一些落后的习俗保留着。这类村庄实现村庄整合,要依靠政府和社会力量的推动。选大块方形或圆形中心为人口集聚地,通过搬迁工程,实现村庄整合与人口集聚。

这类地区村民的生活条件比较差,与外界的交往比较少。虽然在脱贫攻坚阶段,地方政府出资修了路、修了桥,实现了村村通、户户通,但由于人口集聚密度较小,相互之间仍然很少交流。依山傍水居住惯了的村民,形成了一种山野文化:喜欢独自活动,对秃山、酷水、沙石、泥土、密林、野草情有独钟,对野外有感情,对人与人之间的交往则热情不高。尽管中国移动、中国联通和中国电信三大运营商把信号塔布局到了这些地区,可是手机信号总是比较弱,经常打不通,有时接打电话需要到山顶上,山里人与外界联系很不方便。

山区高原地区通信难是个历史问题。[1] 人烟稀少的山区高原地区,要解决打电话难的问题就得建设密集的信号塔,但人口有限,消费规模有限,建设成本很难收回,电信运营商没有积极

---

[1] 卓鹏妍:《新型城镇化背景下河北坝上地区村庄整合建设选址研究》,河北建筑工程学院硕士学位论文,2020年。

性。尽管政府一再鼓励电信运营商建设这些地区、支援这样的困难地区,毕竟支援不是利润主导下的自愿经济行为,建设的质量和效能达不到通信畅通的标准。山区高原地区地方政府财政普遍困难,让只能勉强发出政府工勤人员工资的财政再出资建设提高生活条件的信号塔不太现实。实际上,山区高原地区的通信设施建设很大程度上是福利工程,电信运营商没有动力,地方政府没有能力,使得山区高原地区通信差的问题难以彻底解决。山区高原地区村民有需要良好通信的愿望,但不是非常迫切。因为和外界的联系不是生活的必需,一天 24 小时,不和外界联系也不影响他们的生存,所以有需要但不迫切。

在脱贫攻坚时期,山区高原地区的路实现了村村通,但要保持交通时时畅通是需要维护的。比如每年雨季山水都会破坏道路,路有人走但没有组织经常修也就保证不了道路畅通。地方政府作为道路的养护单位,由于资金缺乏往往养护的效果达不到道路畅通的要求。市场经济时代,政府调节是必要的,但毕竟不是市场主体,作为市场主体的供给者和需求者没有积极性,只靠政府的财力可以解决短期问题但不能解决长期问题。

信息经济时代村庄发展需要两条路,一条是货物进出村庄的柏油路或水泥路,另一条是信息来往的信息高速公路。货物不能方便进出村庄,村庄的物质生活条件难以改善;信息不能随时获得,村庄人的精神生活水平难以提高。农业经济时代山区高原地区村庄自成体系,自给自足,艰难生活。工业经济时代山区高原地区村民和外界联系不多,货物往来不多,没有更多地享受到工业经济发展的成果。信息经济时代要实现乡村振兴,必须建设这两条路,否则村庄很难实现长期稳定的发展。

二、村庄整合方式

对于山区高原地区等自然条件比较差的地区,在原来易地搬迁、合村并村的基础上,按照山脉走向,考虑到距离的远近,选择具有地理特征的一个块状区域的中心为聚点,将块状区域内的居民聚合在聚点居住。被选为聚点的村庄,村民的住房和宅基地要允许他们有偿转让。现在山区高原地区,每个村庄都有若干闲置房屋,任其年久没人居住,久而久之,不但是资源的浪费,而且时间长了就不能住了。出让或出租这些资源,可以作为外出务工人员的一份收入。外出务工人员的土地可以承包给搬来村庄居住的其他劳动者。尽管土地承包费用不高,不够他们的生活消费,但至少能够保障粮食安全供给。集拢来的村民除了承包聚点土地外,还可以继续耕种原来的土地。其实山区高原地区村庄与村庄的距离都不是太远,耕地与耕地往往挨在一起。过去上山劳动基本是靠两条腿走路,那时很短的距离也需要很长的时间,特别是走上坡路时,十分费时间。现在村民到地里干活,都是开三轮车或四轮车,或者骑电动自行车、摩托车,这类交通工具小巧玲珑,方便在田地里穿梭,几公里十几公里的路程用不了多长时间。所以,搬迁到聚点之后他们仍然可以耕种原来的土地。

搬迁的村民还可以把自己原来住所的土地向外承包。搬迁村的土地山地多平地少,浇不上水靠天收的地多,能水浇的地少。单门独户的劳动力在这种土地上的边际产量很低。这些土地适合包给养殖户。按照政府有关部门的规定,养殖场必须远离居民区建设。猪场、羊场、牛场等牲畜养殖场,离村庄和村庄水源的距离至少 500 米。但牲畜也需要水和粮食,它们离村庄的距离又不能太远。搬迁后空出来的村庄正好适合养殖。搬迁的村庄对于现代人来说已经不适合居住,但对于牲畜来说还是幸福的"天堂"。养殖户一般经济条件比较好,基本都有车,而且不止一辆,拉货车、载客车都有,他们有能力把养殖场建成无人工厂。必要的时候他们可以驱车前往农场,农场运行一切顺利的时候可以只安排值班人员,甚至通过远程监控实现管理。搬迁村庄的土地承包给养殖户,正好满足牲畜对草料的需求。现在的养殖场多是买各种加工饲料,饲料费用和运输费用很高,稍有不慎、计划不周就导致亏损,所以山区高原地区村民有很多从事养殖的,但规模都不大,基本靠自己土地出产的产品来养殖,这就决定了他们只能小规模养殖,不可能形成规模经济,很难提高劳动生产率。把土地承包给养殖专业户,他们不但能获得一定的收入,更重要的是能从原有的劳动中解放出来,可以有机会获得比原来更多的收入。养殖户因为有更多的廉价牲畜所需的饲料,可以扩大养殖规模,形成规模经济,他们的建设能力和建设动力也会相应提高。

搬迁村原有的土地也可以租给药材生产专业户或者药材加工企业。药材属于草性,种植时不必精耕细作,种好种活之后,后续的劳动量减少。药材在山坡地生长更有利于其药用价值的提高。2020 年新冠肺炎疫情期间,中国利用中西医结合的方法治疗患者,取得了良好效果,国家加大了发展中医的力度,未来中药材会有很好的利润空间。搬迁村的全部土地承包给一个药材生产专业户或者生产企业,形成规模经济,对生产者而言会是一笔可观的收益,会有资本和人才集聚。

根据搬迁村的天然特点,其土地还有多种其他的外包方式,比如种草、种树、建设生产加工组装楼房等工程用的沙石水泥组件厂等。这种帕累托改进甚至是帕累托最优的搬迁,在经济学上是容易被接受的。

当然,村民特别是年纪比较大的村民,恋旧心理比较严重,对待变迁的态度往往表现出来的是因循守旧。不过在脱贫攻坚阶段搬迁后的人们生活条件大大改善的示范作用下,他们的工作已经不难做了。

在农村存在人口减少问题的情况下,把留守老人和留守儿童集聚在聚点村庄是比较容易的。对于孤寡老人,搬迁意愿不高,让他们自己搬迁可能性不大,只能政府提供福利。对于留守老人,其子女外出打工,留在家里的老人多数都是在照看留守儿童即他们的孙子、孙女或者外孙子、外孙女,搬迁与否取决于他们在外打工的子女。在外打工者,苦于没有经济能力让他们的父母和孩子一起到城里居住,如果能够搬迁到条件比较好的村庄,他们是非常愿意的。村庄外出打工人员,多数是年轻人,接受新事物比较快,在外打拼也目睹了城市的进步和城市的现代化情景,对现代化的生活期望值很高,变化生活居住环境在他们打工的过程中是经常的事,所以在对待老家的宜居搬迁问题上态度是积极赞成和拥护的。

三、村庄整合可持续的条件

块状聚点能否顺利进行和能否取得成功取决于聚点建设得是否宜居,是否对村民产生吸引力。

首先,聚点要有村民生活所需的必要物质条件。电力要供应充分。山区高原地区村民闲暇时间比较多,尤其是留守老人,他们看电视或者到村里较大的空地唱歌、跳舞的情况比较多,有电且不断电,有利于村民活动。吃水要方便。农村很多村庄原来吃的是山泉水,靠人力畜力取水。脱贫攻坚期间,基本都打了井,用上了自来水。不过自来水塔基本是在村庄附近较高的山上用水泥建成的水池子做的,净化消毒设施过于简陋,有的村庄村民因为吃水生病的情况很多。水是生命之源,水是大问题,聚点要把自来水问题解决好。道路畅通,与外界联系方便。留守老人的子女、留守儿童的父母在外面打工,不必说逢年过节,就是平日有时间回家也是他们的迫切愿望。路好走,方便行人进出,会温暖游子心。留守老人和儿童的亲人经常会给他们邮寄东西,方便的道路有利于物流。要有村庄诊所。老人和儿童,是抵抗力弱的群体,容易发烧感冒,经常吃药。聚点有诊所,方便村民治病。大病到离村庄较近的城镇治疗,小病到诊所治疗,是目前农村普遍的治疗方式,村民聚点尤其不能缺少诊所。尽可能在聚点建立小学。孩子是祖国的未来,更是家庭的未来。现在父母都怕孩子输在起跑线上,对孩子的教育非常重视。有的父母本不想离开村庄,但就是为了能够让孩子到条件好点的学校学习,不得不奔走他乡。聚点如果能够建成小学,对没有学校的村庄自然而然地就产生了巨大的吸引力,村庄里的住户就会增加,人口容易多起来。人多了,容易形成教育规模,学校、诊所这些需要有一定规模的消费者才能支撑起来的事业就好办了。在一孩化时期和城镇化加快的前些年,本来有学校的村庄因为学生太少而停办了。现在放开了三胎生育限制,并且给予了一些相应的鼓励政策,农村出生的儿童会马上多起来,办好聚点学校和诊所是完全必要的。

其次,聚点要有村民赖以生存的经济基础。居民的基本生活要求是吃喝穿住用的产品能够实现应有尽有,并且具有持续购买这些产品的经济能力。孤寡老人靠社会福利给予的基本生活补贴可以获得基本的生存保障。村庄的留守老人除了国家给予的福利外,子女还能够给予一定的资助。留守儿童靠在外打工的父母提供生活保障。留在村里的年轻人和有劳动能力的村民凭借自己的力量获得购买所需生活物品的资金。这就要求聚点必须能够给他们提供通过劳动获得生活产品的资源。承包土地或到附近的农场、牧场、养殖场等场所打工都是选项。村庄集聚的人口多了,也会产生保姆、育儿阿姨等工作需求。另外,电工、简单的电器维修、简单农用工具制造和维修、煤气罐换气、维护村庄街道卫生、面食店、豆腐房、理发店、敬老院、康复中心等工作都可以作为村庄年轻人的就业岗位。村庄只有把年轻人留下了才有未来,才不会像发达国家比如日本、韩国那样,村庄建设好了但没有人居住。

第三,聚点要有通畅的信息网络。信息经济时代通信网络是信息传递和人与人之间交流最重要的工具,利用好这个工具,居民就不会因久居深山之中而与世隔绝。在 20 世纪七八十年代,因为交通不便、信息不畅,青年人成婚范围有限,换婚现象时有发生,甚至出现过兄妹结婚的现象。有了通信网络,通过微信视频、腾讯视频等交流工具方便地实现千里之外人与人之间的面对面交流。通过微信、QQ、邮箱、快手、抖音等实现信息不受空间约束的传递。通过网络购物平台实现天下购物,通过快递物流实现天下产品的运输。

能够买到想买的东西,能够消费可以承担起的商品,能够买到想用的工具,能够吃到想吃的食品,能够进大医院看最好的医生,能够让孩子接受最好的教育,能够认识更多的人结交更多的朋友,能够找到或者调换到满意的工作,在网络不发达的过去,这些是居住在城市里的人享有的优势,现在只要网络畅通的地方都可以享受这样的福利了。城市里的百货商店、超市是让村民羡慕的购物场所,有条件的家庭每年要克服交通运输等多种困难到城里购物,没有条件的家庭只能望洋兴叹。其实过去的百货商店也做不到应有尽有,而且到大市场买东西就是有商品放在那里也不一定能够找到,逛商场需要时间和精力,时间长了会很疲惫,有时不得不失望地离开购物场所。网络发达的今天,情况完全不同了。坐在电脑前可以逛遍全球市场,把你需要的产品放在搜索栏里,所有卖这种产品的商店就都出现在眼前了。通过网上的产品介绍,需求者可以方便地实现货比三家,选择到最合适、性价比最高的产品,这样的选择是在大商场买东西无法实现的。随着网上购物的不断完善和普及,城市百货商店已经失去了昨日的辉煌,过去商场那种比肩接踵、人头攒动的局面已经一去不复返了。网络时代,在购物消费上,村庄和城市的差别真正地消除了。坐在村庄照样能够买到天下产品,吃到天下山珍海味,过去村庄不敢想的事情现在变成了现实。

过去到城里医院看病,交通、住宿、挂号、排队非常不方便,现在通过网上预约节省了很多时间,避免了很多浪费。非必需可以不用去医院了,通过网络问诊好多病就治疗了。

有了网上通道,住在城市与村庄的差距大大地缩小,不仅如此,住在村庄的优势也显示出来。村庄绿水青山,空气新鲜,阳光明媚,住房宽敞,交通畅通。农产品天然价廉,工业产品网上价格全国一样。有了网上办公室后,城市的上班族越来越看好村庄的居住条件。山区高原地区建设聚点,往往依傍奇山秀林,如果各种生活软件设施建设好,很多网上办公的人会把他们的家安置在村庄,有了"梧桐树",就会引来"金凤凰"。

四、人口集聚场所建设

山区高原地区村庄整合之后,村庄人口规模也不会太大,很可能形成大村庄,但很难形成小城镇,尽管我们希望所有的聚点村庄都发展成为小城镇,可实际上做不到。由于村庄人口有限,整合后的村庄完全可能和现在的小村庄一样,庄里的人都相互认识。认识、熟悉就容易交流,也有交流的愿望和话题。在村庄整合建设过程中,要规划出村庄的公共场所,作为人口集聚的场地。

山区高原地区的村庄聚点,根据村庄居民人口规模,可以规划一处或几处公共场所,供村民闲余时间集聚。居民较多的村庄,可以规划几处公共场所。居民较少的村庄,可以只规划一处公共场所。村庄的公共场所不同于城市的绿地,城市绿地是越多越好,村庄的公共场所是越少越好。因为城市的绿地主要功能是繁杂劳动之后人们放松心情的地方,是城市氧吧,绿地越多,每人享受的绿色就越多。而村庄的公共场所是村民交流信息的场地,公共场所越少,人口越集中,人与人相互认识和了解的范围就越广。

村民在村庄的公共场所集聚,谈天说地。在愉快的气氛中,传递着信息、生产技能。在村民的相互交流中,获得商业机会。在相互了解对方的关切中,互通有无,实现相互帮助。村民在交往中也会诉说烦恼,听者就是心理医生,会解除当事人的烦恼,缓解邻里关系,疏解家庭矛盾。留守老人集聚在村庄公共场所,相互谈论各自的牵挂,相互鼓励,相互解劝。留守儿童集聚在村庄的公共场所,好像到了公共幼儿园,小朋友也有了玩伴。

村庄的公共场所也是村民商讨村庄发展问题的场所。村庄的事情要在这里作出决定。耕地、种地、承包、种子购买、化肥选择、粮食出售、外出务工等事情都在村庄公共场所进行讨论。这种讨论集思广益,体现集体的智慧和力量,是村庄一家人的象征,表现的是互相帮助的优良传统,是一种村庄文化。

村庄人口集聚是村庄文化的创造源泉。在集聚场所,庄里人以每人擅长的思维方式思索着感兴趣的问题,多人思想碰撞激起的就是思想精华,结晶的就是道理和智慧。

山区高原地区的村庄,改革开放之前,以生产队为基本的生产单位,虽然温饱问题都解决不了,但是人口集聚程度比较高,集体思想比较活跃。实现家庭联产承包责任制之后,温饱问题很快解决了,但是人口集聚的规模和次数明显减少。随着农村生产工具的不断更替,农村生产方式逐渐发生改变,要求一定频率的人口集聚。村庄农民工集体外出打工的去向选择,土地流转的讨论,合作使用大机器生产工具途径,劳动产品集中出售获得更好价格,批量采购种子、化肥、农药、薄膜等一系列集体活动让村民不得不集聚在一起商量讨论。人口集聚被村庄经济发展推动前行。

山区高原地区人口集聚是村庄发展的一个不可或缺的组成部分,是村庄精神文明的实现形式,和村庄基础设施建设同样对村庄发展有着重要作用。过去的村庄发展,更多地注重了村庄的物质文明建设,村庄整合之后,不同村庄的村民集聚在一起,如果精神文明建设跟不上,会出现一些不必要的麻烦和摩擦。尽管现在网络与外部世界相连,可以通过网络实现人与人的交流,实现对事物的认知。但山区高原地区的村民,人与人接触比较少,共同经历的事情有限,思维受到的锻炼有限,通过网络对问题的领悟不高,网络里的人与人交流的效果比实际中人与人交流的效果要差一些。

聚点村庄设置公共场所,增加人口集聚的规模和频率,是村庄精神文明建设的工厂。村庄精神文明建设是村庄生产生活的稳定器。

第二节　丘陵地区按照山脉定点

丘陵地区没有明显的脉络,顶部浑圆,是一种高度差在平原和山地之间的地形,是山地向平原过渡的中间阶段。丘陵地区多分布于山地或高原与平原的过渡地带,也有少数丘陵出现于大片平原之中。丘陵地区不平整,但是差距不大。有的丘陵是由于山脉受长期的风化雨蚀形成的;有的丘陵是不稳定的山坡滑动和下沉造成堆积形成的;有的丘陵是冰川堆积造成的;有的丘陵是火山爆发和地震活动形成的。有的丘陵地区雨水较多,适应性植物生长比较旺盛;有的丘陵地区伴随有沙漠、盐碱地,适合生长的植物不多。总体而言,丘陵地区不太适合种植粮食。

丘陵地区的这种地貌特点历史性地决定了这类地区人烟稀少,村庄户数不多,居民户较少,人口密度很小。村庄与村庄之间的距离较大,驱车十几公里甚至几十公里都见不到村庄。丘陵地区居住的多是少数民族,从事的职业多是牧业,是不同于以种粮为主地区以圈养为主的牧业,丘陵地区的牧业通常以放牧为主要经营方式。

目前丘陵地区的村庄规模小,分散在丘陵区域内,村庄与村庄之间的距离比较大。整合丘陵地区村庄,应该按照丘陵地区山脉取向,靠近公路,特别要靠近贯穿区域的主要公路,靠近相邻区域居民居住地,选择现有人口较多的村庄为聚点,实施村庄整合。

丘陵地区的村庄整合不能要求村庄规模很大,因为地广人稀的特点决定这类地区人口密度不可能很大,他们客观的生存资源制约了人口不可能很多。村庄整合首先要考虑村民的生活特点。牧业,大规模的野外放牧,大规模的天然牧场,是丘陵地区最主要的生存环境。村庄整合要保护他们这种传统的生活习惯,利用好这种生活情趣,让传统与现代化结合迸发出光芒。

丘陵地区的村庄与村庄之间的聚点要尽可能地相互靠拢,这样可以节约搭建公共社会资源的成本。

丘陵地区的居民主要以牧业为主,村庄整合也要保持这类地区的传统特色。经过多年的发展,特别是脱贫攻坚战期间的集中建设,丘陵地区的道路建设得很多,牧民很大程度上改变了传统的骑马放牧的旧有方式,利用汽车、摩托车作为代步工具的情况比较普遍。和骑马相比,开车或骑摩托车让他们每天的活动范围大大扩大,牲畜可以到更大的地方觅食,每家每户的养殖规模可以比之前更大。由于牧场面积数量一定的限制,每户村民扩大养殖规模的办法是兼并或者承包相邻牧场实现大规模经营。地方政府要创造条件为牧场的有效流转提供方便。

丘陵地区的牧场要改变包产到户时期将大牧场划分为小牧场、把大面积划分为小面积,化整为零,多家分包的方式。应该重新恢复大牧场大面积的格局,但生产经营方式区别于原有产权不清的时期,把大面积的承包经营权明确交给家庭或者企业,实现规模经济。丘陵地区资源的承包者,不一定必须承包给当地居民,只要有兴趣有爱好有能力的劳动者都可以是承包人、经营者。经营者经营的规模越大,越有能力建设现代化牧场。出租牧场的村民可以到牧场、农场打工。利用为他人提供第三产业获得租金之外的收入。

现代化牧场的建设,可以充分利用现代通信手段。对牲畜实施远程监控,对牧场实现远程管理。对于牧业产物,传统的方法多是把牛羊马等活体以及牛羊等奶产品以生产原料的形式卖给中间商,中间商再深加工后将产品出售给消费者。现代化牧场建立起来以后,可以进而建设现代化的牧场产品深加工工厂,不一定每个牧场都要建设深加工车间,邻近牧场的牧业产品加工企业,要能够满足加工车间对原材料供给的要求。过去牧场产品的深加工企业往往建设在远离牧场而靠近消费者的城镇,网络发达物流给力的信息经济时代,深加工企业可以搬到牧场所在地的村庄,就地使用生产资料,加工最新鲜的牧场产品,生产新鲜且更具营养价值的深加工产品,减少使用防止产品变质的添加剂,提高深加工产品的利润率。深加工企业建立在村民居住地,给当地带来就业空间,也扩大了当地的消费总量,为道路、桥梁、学校、医疗诊所等公共资源的建设拓宽资金来源,提高这些公共设施的利用效率。

乡村振兴发展,是建立在当地生存资源基础上的。丘陵地区以牧业为主的特征决定了村庄的规模不会太大,人口不会太多,人口密度不会太大,人口集聚程度较低,当地消费有限。所以,丘陵地区的产品要以外销为主。外销的产品,要有过硬的质量保障、安全的消费保证、性价比合理的经营成本。这就要求建设在牧场聚点的深加工企业既是劳动密集型企业,保证每个环节都能及时做到具体情况具体分析,又是资本密集型企业,保证产品规模和规范化生产,以便产品有较长时间的保质期。

丘陵地区乡村振兴,聚点村庄的可持续发展,首先要振兴当地的优势资源产业。产业振兴了,就会有市场的力量自然而然地推动村庄整合,吸引人口集聚。其次要建设物流通道和信息通道。物流通道畅通,村庄的产品和外面的产品可以方便流通;

信息通道畅通,村民可以使他们的产品让世界消费者周知,世界上的产品也可以被村民了解。

丘陵地区产业的发展对物流业依赖较大,地区产品特别是液体类产品时效性很强,快速有效的物流直接影响地区产业的效益。丘陵地区村庄整合时,要考虑将来空中交通发展的情况,为快捷空中交通的发展留好接口。

2020年,湖南省获批全域低空开放试点省份①,成为全国首个全域低空开放试点省份。继湖南之后,江西、安徽②也成为全域低空空域管理改革试点省份。江西省试点包括推动低空经济产业发展③等内容。2021年2月,中共中央、国务院印发了《国家综合立体交通网规划纲要》,提出注重各种运输方式融合发展和城乡区域交通运输协调发展,注重国土空间开发。并对2021—2035年发展城市直升机运输服务,构建城市群内部快速空中交通网络作出了规划。④《浙江省航空航天产业发展"十四五"规划》计划发展无人机运输,拓展长航时无人机领域,围绕旅游、运动、体验、短途运输,建设航空航天消费新场景。逐步建立覆盖省内4A级及以上景区的低空旅游航线网络,积极开展高空跳伞等航空体育活动,支持航空飞行营地建设和航空俱乐

---

① 湖南省人民政府网站,2020年12月12日,见 www. hunan. gov. cn/。

② 《王清宪在省低空空域协同运行管理委员会第一次全体会议上强调改革创新发展通用航空产业》,安徽省人民政府网站,2021年8月21日,见 www. ah. gov. cn。

③ 《打造低空空域管理改革的"江西样板"专题新闻发布会》,江西省人民政府网站,2021年8月26日。

④ 《国家综合立体交通网规划纲要》,新华社,2021年2月24日。

部发展。① 覆盖全国的立体交通网络处在规划、试验和建设之中,不久的将来,低空经济产业会得到很大发展。

丘陵地区村庄和村庄之间,山体不是太高,障碍物较少,村庄集聚稀疏,地广人稀,这些特征决定了丘陵地区比较适合建设低空交通运输网络,特别是长航时无人机运输。低空交通运输网络的建设,有利于生鲜产品快速到达消费者餐桌。丘陵地区村庄聚点选择时要充分考虑到这一未来可能的发展趋势,村庄与村庄要尽可能地在一条直线上,距离尽可能地均匀。

物以类聚,人以群居。吃喝穿住用问题解决之后,人的生存所需要的物质问题就基本解决了,但不等于解决了生活的全部,还有人的精神生活的丰富问题需要满足。丘陵地区的原有村庄,居民本来就少,他们以牧业为主的生活方式决定了他们每天接触到的人更少,与人交往的机会不多。这正是他们物质生产资料并不匮乏,但是文化水平、思想意识、科学技术、工具应用水平等不能和物质生活条件同步上升的原因。走进丘陵地区的村庄,多少年前的建筑等物品依然可见。只见这些物品随着岁月的流逝自然变旧,很少见到人为因素让它们经常变化。不像经济社会发展快的村庄,当你隔几年重新到访同一个村庄时,你会感到跟以前大不相同。丘陵地区的村庄,即使隔十年八年去一次,也感觉不出太大的变化。估计很长时间以后也不会有什么大的变化,除非外界力量推动。没有足够数量的人口集聚,进步

---

① 《浙江省航空航天产业发展"十四五"规划》,浙江省人民政府网站,2021 年 7 月 28 日。

所需要的变化也迟迟不会到来。

丘陵地区的人们,人与人之间有一种天然的亲切感。不管认识不认识,见面就很热情,几乎有求必应,只要自己能够做到的事情,都乐意帮忙。他们好客、豪爽,经常用善良的心对待别人,很少用猜疑的心防范别人,和他们很容易交朋友。如果有相互交流的场所,他们会很快成为好朋友。

丘陵地区村庄整合之后,人口集聚问题要放在一个重要的位置,因为这类村庄迫切需要一定规模的人口集聚。

丘陵地区的村庄集聚点,要建设公共场地,成为村民集聚的场所。村庄有事情,村民集中在这里讨论、商量。逢年过节,村民集中到这里庆祝节日。少数民族地区,公共场地建设得要符合民族特点,让民族文化发扬光大。休闲时间,村民集聚到公共场地,唱歌、跳舞放松心情,结识朋友,传递信息,传播知识。人是有思考的,当他们集聚在一起时,通过相互交流,相互讨论,甚至相互争论,总会发现更先进的思考方法,更进步的思想意识,更科学的生活习惯。丘陵地区少数民族比较多,他们有很多优秀的文化需要继承和发扬,但也有一些不科学的习惯需要改革。这种改革如果来自外界,很难奏效。必须逐步提高他们的认知水平和科学知识。通过网络媒体的引导是一种途径,更有效的方法是他们中的一些人首先改革,然后言传身教、示范引导村民接受改革。经常活动在旷野里的人,不愿意接受外界的说教,但愿意接受同胞的做法。村民通过相互接触,对世界的理性认识会不断得到提高。商业机会在交谈中产生,科学知识会在谈话中得到应用,先进的生产工具会在唠嗑中被引进村庄。

综观人类历史发展历程,从游牧渔猎时代、农业经济时代到工业经济时代,人口的集聚方式和经济发展水平有一定的相关性。游牧渔猎时代,时间非常漫长。几十万年的时间,人类才创造了文明程度较低的游猎文明。游牧渔猎时代,人口集聚范围和规模极其有限,人类的物质生活水平和精神文化修养进步极其缓慢。农业经济时代,几千年的时间,创造了远远高于游猎文明的农业文明。当耕种这一生产方式代替游牧渔猎生产方式成为主要生存手段的时候,人类开始了定居生活,人口集聚从家庭集聚到村庄集聚,范围不断扩大,集聚的人口数量越来越多。物质财富和精神财富增长速度很快。从工业经济时代开始,时至今日,就三四百年的时间,人类创造了远远高于农业文明的工业文明。工厂是工业的集中地,是工人劳动的场所,也是人口集聚的地方。正是人口的集聚,人的智慧和潜能才容易被激发出来。工厂是工业经济时代劳动力最密集的地方,很多发明创造就在这里产生,生产技术的进步产生了,生产工具的更新发生了。巴黎公社和十月革命运动也产生于人口密集的工厂。

当大城市、大工厂这类人口集聚程度比较高的地方高速地创造先进生产力和先进生产关系的时候,人口集聚程度较低的村庄虽然也在创造,但是村庄的进步速度显然落后很多。如果进行发展速度比较,可以说城市日新月异,农村发展很快,丘陵地区的村庄变化不大。

丘陵地区的村庄,和农业文明、工业文明同时存在,跨过很多年代,面貌变化不大。丘陵地区村庄的文明与进步,原创的不多,外界输入的占绝大部分。过去散居的居住方式和人口集聚规模小的状况应该改变了。在通信技术落后,尤其是牧业手段落后情况下,丘陵地区的村庄和人口很难实现集聚,因为他们需要更多地到野外劳动。信息经济时代,他们可以容易地集聚起来。通信技术的发展、5G 技术的应用,即使是放牧这样的野外劳动,也可以在家里遥控。无人机巡视、无人机管控手段,替代了他们马背上的事必躬亲。现代科学技术的广泛应用,为整合后的丘陵地区的村庄实现较大规模的人口集聚创造了条件。

丘陵地区村庄实现较大规模的人口集聚,不一定能够创造出更高的生产力,但可以扩大先进生产力被使用的机会。

第三节　沿江沿海地区带状聚线

沿江沿海地区经济社会发展相对好些。这样地区的村庄,最大的优势是交通便利。工业经济时代,生产企业出于节约生产成本和运输成本的考虑,在村庄中建立了很多小型加工企业和制造企业。较好的生存条件,也养育了生活能力较强的劳动者,在中国城市扩张的过程中,精英劳动者流入了城市,在城市照样有能力获得更高的利益。在经济社会发展和城镇化过程中,村庄人口也在减少,但近年来有识之士不断携带资本回乡建设,人口减少的速度有所放缓。

沿江沿海地区的村庄整合,需要把远离江海的村庄向靠近江海的村庄迁移,近江海的村庄向既近江海又有主导产业的村庄迁移。使沿江沿海地区的村庄,在靠近江海的较宽的带状范围内向一条沿江海线的聚点上集聚。在沿江沿海地区较宽的带状区域内划线,在线上选点,村庄向线和点决定的地方整合集聚。聚点的居住方式模仿城镇,向空间发展,聚点可以往小镇小城的方向发展。村庄整合集聚之后,要能够腾出更多的居住地用作他用。

沿江沿海地区,历来是经济相比其他地区取得更快发展的地域。地域优势是经济资源丰富,交通发达,气候宜人,植物生长旺盛。在以人力畜力为种地动力的时代,祖辈形成了居住地离劳动地点比较近的居住习惯。沿江沿海地区地比较平整,盖房子比较容易,只要有空地,简单的建设和修整就是一处住所。建房方便,村民较多,所以每个村庄面积比较大。人口向生活富庶地区流动是自然现象,村庄人口集聚,居住地不断扩张,村庄和村庄基本连在一起了。这种居住方式是农业经济时代的产物,居住环境形成了,良好的生存环境让居住方式轻易不发生改变,当然人力畜力作为耕种动力的时代也不需要改变这样的居住条件。

农村实行家庭联产承包责任制之后,土地承包到各家各户。沿江沿海地区人均土地面积很小,每户分包的土地都不多,但因为土地富饶,每年的种地收入也比较可观。不过小块土地毕竟不能进行大机械化生产,富裕起来的农民在种地之余又踏上了发展农村副业的道路。改革开放为各地的劳动者提供了商机,越是富裕地区的劳动者越有能力捕捉到商机。到城里打工,然后带着资金和技术回乡开办企业。乡镇企业一时异军突起,一段时间之后又偃旗息鼓,或者转战南北。我国完全进入工业经济时代后,沿江沿海地区的村庄实际上变成了半农业半工业地区。沿海沿江地区土地单位面积产出比山区高原地区高得多，尤其是给城市菜市场提供蔬菜供给的土地，经济效益很可观。但是以家庭人力为主的劳动方式毕竟不是适合信息时代的生产方式。沿江沿海地区村庄的生产方式需要改变，改变了生产方式，劳动效率会极大提升，单位耕地的产出会大大提高。改变生产方式，就是在耕地使用机械化和现代化工具。生产方式的改变，决定了村庄村民居住方式和人口集聚形式的变迁。

沿江沿海地区，村庄虽然经济条件比较好，但这里临近劳动的边际收益更高的城市，在城镇化快速发展时，沿江沿海地区的劳动力同山区劳动力一样出现了迁移，村庄人口较以前同样地减少了。

沿江沿海地区土地是稀缺资源，村庄住宅用地比较紧张。村庄整合，居住应该向空间发展。在农业广泛使用畜力作为耕种动力的时代，没办法向空间发展住宅，因为农用工具和牲畜以及牲畜的草料都需要地面空间。现在全面使用机械化的条件已经成熟，不需要再使用畜力。原来多种多样散乱的种植工具已经被集成的大机器取代，村庄院落不再是工具库房和牲畜休息地，向空间发展成为可能。向空间发展可以减少占地面积，减少住宅对耕地的挤占。通过向空间发展，沿江沿海地区的村庄可以在保持原有占地面积甚至在减少占地面积的情况下容纳更多的居民。可以把平房改造成楼房，将空着的院落规划成为住宅楼，提高村庄的承载量。将小块土地连成大片承包给专业户经营。让专业户发展农场，发展养殖场，发展农村合作社。村民可以以土地入股，以资本入股。出让土地使用权的农民，可以在农场、养殖场、合作社打工获得收入。吸引远离沿江沿海聚点的居民加入聚点,将他们的土地也规划在连片经营的范围内,尽可能地扩大连片面积,给机械化大生产创造条件。

沿江沿海村庄,特别是靠近沿海城市的村庄,可以重点发展城市菜篮子工程,形成连片的蔬菜基地,发展水产养殖,实现规模化生产和经营。有工业基础的村庄,可以引进资本和技术,发展乡镇企业,特别是以水资源为原料的水产品加工企业。

沿江沿海地区村庄整合,可以借鉴荷兰水乡发展模式,发展符合地方特色的农业小镇、渔业小镇。以种植业为主的村庄在实现农业机械化耕种之后,可以发展农产品深加工企业,延长农产品产业链,提高农产品附加值。以城市菜篮子工程为主的村庄,可以同时发展观光农业,吸引城市人口到村庄旅游消费。以水产养殖为主业的村庄,可以发展食品加工业和冷链物流业。针对不同主业类型的村庄,发展相应的村庄第三产业。餐饮住宿、机器维修等产业都有市场空间。

产业是村庄建设和家庭发展的经济基础,是村民的生活来源和保障,它决定村庄家庭的居住方式,进而决定人口集聚模式。沿江沿海地区的村庄,比较密集的居住和人口的集中,决定了单位面积消费规模很大,与之相对应的公共设施和公共资源比较容易获得。电信运营商会主动在这些地区安装通信塔,一般情况下,运营商建设城市 5G 基站的时候同时把沿江沿海村庄的基站建设也规划在内了。快递物流进入村庄也能获得较好的经济效益。小学基本在这类村庄不缺席,初中、高中也有可能落户这样的村庄。村庄卫生院、诊所也都会有,规模甚至很大。

三胎鼓励政策会首先在沿江沿海地区的村庄见到效果。农民本来生育愿望比较强,这里的农民生活条件比较好,家庭比较富裕,容易承担起养育孩子的成本。村庄农民的示范作用会影响到在村庄居住的其他家庭的生育决策,一定程度地诱导生育,村庄生育率将较快地上升,人口数量也会随之增加。向空间发展,人口增加,村庄的居住空间可以承载。增加的人口扩大的是消费规模,繁荣的是村庄经济。

沿江沿海地区村庄整合之后,村庄聚点的横向占地面积会比较大,居住密度也会很大,公共用地面积会很小,基本没有建设村庄广场的空地。由于人口比较多,人口密度比较大,同在一个村庄里的人,不一定相互认识。这类村庄的人口集聚,适合采取多个集聚场所的形式。可以在聚点内规划多个公共场地。每块场地的面积可以小一些,主要供集会使用。考虑到沿江沿海地区雨水比较多,公共场地要以室内为主。渔民出海格外关注天气,村民防范台风影响也格外关注天气,村庄公共场地的建设要体现出天气文化,有利于村民的关注集聚和兴趣集聚。同村不在同一个公共场地集聚,但是同村所发生的事情村民都是非常关心的,应该信息共享。需要在村庄公共场地和公共场地之间建立信息共享通道,让村庄发生的事情,村民都知晓。安全措施作为经验相互学习,安全事故作为教训相互借鉴。村庄居民以生产队或生产小组为单位,在固定的公共场地集会,研究生产事项,协商合作事宜。

沿江沿海地区的村庄,村民一年四季闲暇时间比较少,留守老人与留守儿童现象不严重。所以,在公共场地建设时,要更多考虑它的事务性功能,照顾到它的消遣娱乐性功能即可。沿江沿海地区村庄村民的事务比较多,大规模村民集聚,必然要求等待很长时间,村民们很难挤出时间。他们的集聚多是小范围、随机性的集聚。村庄聚点在建设时就要考虑到这种人口集聚的需要,特别是在村庄街道两旁适当位置留有空地,供村民随时交流情况之需。

沿江沿海地区容易受到台风、暴雨等自然灾害的侵袭,从家庭集聚到村庄集聚,抗拒灾害都是集聚谈论的重要内容。村庄的公共场地、可能的集聚点,要尽可能地张贴宣传、介绍相关知识的宣传画。

沿江沿海地区村庄人口集聚,采用小范围经常集聚和大范围较少集中的方式进行,信息传递从小范围到大面积传播。这种信息传播方式有两点不足:一是时滞性。事情发生很长时间了,村庄人才都获悉。二是失真性。任何信息,经过口口相传,避免不了带有个人情感因素的理解,事件不同情节的不同比例放大导致失真是不可避免的。因此,掌握第一手资料很重要。可以用微信群的方式掌握第一手资料。

微信对于村庄老年人来说,不是很熟悉,但对于青年人来说,使用起来已经得心应手。微信在传递信息方面的时效性是相当高的,如果发微信者在事件现场,那么接受微信的人,几乎等于亲临其境。这是信息时代的威力,这种物理因素传递信息的速度和质量是人与人之间口口相传所不能比拟的。当然,微信不能完全传递人的情感,对发生事件的态度微信虽然也能够传递一些,但毕竟不能传递全部,更不能感知听到事件的人对事件的完整态度,虽然通过微信简单的评语可以略知一二。因此,微信只能作为村庄人口集聚的辅助形式。微信、网络等信息经济时代先进的通信手段,毕竟是虚拟世界里的工具。目前还不能完全取代人与人之间的现实交流。所以,沿江沿海的村庄聚点,村民实际的人口集聚还不能被虚拟世界的人口集聚所取代。当然,等到将来信息技术进一步发展之后,或者说发展到量子通信阶段以后,人口集聚的实体形式可能被取代。现在只能把微信、腾讯会议等信息技术工具作为沿江沿海地区聚点村庄人与人之间交往、人口集聚的辅助手段。当信息技术能够传递包括肢体语言、情感波动等在内的全部信息时,信息技术手段将是人与人之间交往的主要手段。当然,沿江沿海地区村庄因其与较多自然灾害抗争的时间紧迫性,更多地应用现代信息技术作为人口集聚等的工具是非常必要的。

第四节　平原地区按片设点

平原地区,因地理特征往往形成大片的村庄分布。坐在飞机上俯瞰大地,山区高原地区是一座又一座的山峰层峦叠嶂,平原地区是一片又一片的村庄连绵不断。村庄与村庄的距离很近,村庄密度较大,村庄面积占平原地区面积的比例很高。平原地区生产生活条件较好,因此人口较多。农业与非农产业都有较好的发展。人均自然资源有限,生产率比较高。平原地区是农业经济时代的富庶地区,工业经济时代第一、二产业产值很高的地区,但信息经济时代这类地区经济发展优势没有完全释放出来。信息经济时代农业生产是机械化与现代化工具广泛使用的时代，要求大片土地连在一起，形成规模经济，村庄的片状分布和承包土地的条块分割，不利于高科技手段的利用。

平原地区往往是国家粮食生产基地，受密集村庄的限制，人均土地面积不多。现代化大机器生产工具充分利用的信息经济时代，需要把化整为零的土地重新整合在一起，而且比原来的整块面积还要大，难度比较大。因为土地的产出比较高，虽然承包到每户的土地不多，但能够维持较好的生活，所以村民对土地整合的积极性不高。这也是平原地区土地流转的主要障碍。土地不能实现自由流转，就不容易实现连片生产，不方便使用大机器生产工具和现代技术手段。村庄整合也很难顺利实施。

大机器生产和信息技术在农业生产中的应用是经济发展和社会进步的必然要求，按照客观规律办事，社会才能进步，否则只能倒退或者停滞不前。土地连片，村庄整合，人口集聚都是现代村庄生产发展的规律性要求。尽管平原地区实行村庄整合的难度较大，但是有巨大市场需要推动，整合村庄，人口集聚必然会成功。与其他地区村庄整合不同的是，平原地区的村庄整合无形成本要大一些。乡镇基层政府部门和媒体，应该进行舆论宣传和思想引导，让村民放弃小富即安的思想，应该不断进取，不断提高物质文化水平和生活质量。

平原地区作为粮食生产基地，农业经济时代，农业生产工具和畜力都需要占据一定的空间，导致历史形成的村庄占地面积都比较大。这种摊大饼式的居住方式在信息经济时代已经不再适合生产生活的需要。在机械化和现代化生产方式下，农业生产工具占用的空间不大,粮食在地里基本完成收获,如果水分较多通过简单的晾晒,或者在大规模生产的情况下用烘干机烘干也用不了多大的占地面积。现代化的生产方式决定了平原地区的村民居住方式在地面面积有限的情况下可以向空间发展。事实上也必须向空间发展,平原地区土地面积有限,已经没有平面扩展的空间了。以快递物流为主的消费时代要求消费者居住要相对集中,开发空间,符合现代消费方式的要求。客观地观察,平原地区村庄的居住也只能向空间开发了。

平原地区通过向空中发展实现村庄整合,可以在一大块片状区域内选择一点作为村庄整合的聚点,周围的村庄向聚点靠拢。平原地区村庄整合的难度是居民的居住问题,由于人比较多,村庄面积比较大,和城市的距离比较近,交通比较方便,虽然在农民工大潮时期以及城镇化过程中村民也出庄发展,但他们当中很多人选择的是离土不离乡。用候鸟方式打工,劳动时离家外出,工作少时以及年节他们就返回村庄,就是因为交通方便,回家的成本不高,而且村庄土地的产出也很好。平原地区村庄人口出生率比较高,离庄人口比例不高,毕竟靠近城镇,更高的劳动边际收益也吸引一定数量的村民离开村庄,所以,村庄人口虽然增长缓慢,但人口减少问题不像山区、高原地区、丘陵地区那样严重。村庄人口规模也比较大,几千人甚至更多的人口都有。平原地区村庄整合之后,居民居住问题由空间来解决,向空间发展,可以向小城镇一样建高楼大厦。平原地区每个村庄的面积都比较大,选择为集聚点的村庄面积较大是条件之一,这样有发展空间。当临近几个村庄的居民入住聚点之后,人口规模达到一定数量时,就可以发展成为特色小镇。或者说,平原地区村庄整合的目标,就是未来要发展成为特色小镇,让一个又一个的村庄聚点,变成一个又一个特色小镇,美丽富饶的乡村就不言而喻了。

平原地区聚点村庄建设高楼还有特殊用途。作为粮食主产区的平原地区,其粮食生产肯定要使用机械化和现代化工具,使用先进的科学技术,建立家庭农场和现代化农场。可以将农民的田间操作室设置在高楼上,遥控远在田间耕作的机器,这比把操作室放在地面平房内更方便、更有效。没有通过望远镜观察实况需要躲避的遮光障碍,阻碍电磁波传输的障碍也很少了。村庄居民到楼上居住,腾出来的地方,很难再变回农田,尽管若干年前它们可能是良田,由于受水泥砖块等长期侵蚀,短时间很难恢复到可以生产粮食的程度。另外,要实现乡村振兴,平原地区的村庄只靠种地是很难做到的,必须发展第二、第三产业。腾出来的地面和邻村搬迁到聚点后腾出来的地面资源,可用作招商引资、兴办企业的厂房。

农产品深加工企业多集中在大中城市,是工业经济要求的结果,是产品靠近消费场所的需要。信息经济时代,快递物流成为销售和消费的主要手段,农产品深加工企业没有必要把工厂建在大中城市了。建在村庄聚点,或者离聚点较近的地方,不但不影响销售和消费,而且还有利于降低成本,缩短运输时间,缩短从田间到车间等待生产的时间,减少保鲜时间,更好地保障产品质量。农产品深加工企业越靠近生产基地,对农产品生产和变化掌握得越充分,越有可能生产出适应农产品生长特点且更具有营养价值的产品,自然有利于提高企业的经济效益。

农产品深加工企业在大中城市的优势越来越小了,在城市里的生存空间也是越来越小的。农产品深加工企业其产品多是食品类的传统产业,利润率不高,从业人员的工资也不高,制约了企业科研投入的规模,农产品开发周期较长,产品创新空间有限,最大可能是维持正常利润,很难获得超额利润。农产品深加工企业到村庄聚点发展有利于企业盈利水平的提高,提升市场竞争力,容易被企业接受。

农产品深加工企业建设在村庄,有利于村庄事业的发展。种地农民可以就地卖粮,可以和深加工企业开展订单农业,既减少了粮食种植户的市场风险,也减少了生产企业的市场风险。村庄的剩余劳动力可以到深加工企业打工,深加工企业也容易获得廉价劳动力。村庄规模壮大了,村庄公共设施建设资金的来源拓宽了,同时消费公共设施的消费者也多了,公共设施的发展会变快变好。

目前,阻碍农产品深加工企业到村庄聚点的因素主要是村庄的基础设施硬件环境建设和村庄的教育、医疗卫生、文化生活以及村民的精神面貌等软环境。在脱贫攻坚阶段,村庄的硬件环境得到了很好的建设,但基本是在原来街道基础上的水泥硬化或者是油漆加固,很少重新规划或者加宽,在以人力畜力为农业劳动主要动力的时代形成的适应当时要求的街道,如今已经不能满足现代社会生活的需求。大型农机机械无法通过村庄小巷,车辆拐弯掉头非常困难。原来的院落长短不一,街道通行很不方便。村庄整合时,要对街道统一规划,使其符合现代生产生活的需要。村庄人口集聚到一定规模后,第三产业的发展就有了市场需求,学校、医院、5G 基站等建设成本就降低了,村庄人口密度越大,现代化设施的建设成本越低。村民的文化素质可以随着人口的集聚和社会资本的引进逐渐提高。政府部门和社会媒体,要通过喜闻乐见的方式向村庄集聚点进行教育和宣传,地方政府和村委会等基层组织,要给予落后村庄吸引农产品深加工企业的支持政策。更要给予本村庄村民发展农产品深加工企业的优惠政策。

平原地区每个聚点村庄人口很多,居民户很多,人口密度很大。人口集聚适合采用多点集聚的形式。聚点村庄的每个生产队或村民小组要准备一个比较大的公共场地。场地要有室内和室外两部分。平原地区夏季阳光充足,室内场地可以避暑。室外场地要种植适量的树,供人们夏日乘凉。这个较大的公共场地,除了村民消闲娱乐,更主要的是供村民集会用。平原地区的村庄,处于大中小城市之间的地带,以村、组为单位的事情很多,需要生产队或者村民小组经常开会商量一些事情。开会,这种人口集聚的形式会经常出现在生产队或者村民小组的公共场地中。开会,尤其是讨论问题的会议,是村民思想的碰触和融合的过程,是村民统一思想的过程,是村民统一行动的过程。

每个生产队或村民小组,除了准备一个比较大的公共场地外,还要设置若干个比较小的公共场地,供村民随时集聚之用。平原地区的聚点村庄里,既有时间紧张、忙碌的村民,也有时间宽松、休闲无事的村民。更多的公共场地,为有时间的村民提供集聚方便。有闲暇时间的人,是村庄文明的重要使者。因为他们有时间思考人与人的关系,比如邻里关系。关心别人家的事情,传递多方信息,弘扬村庄文化风俗。他们像是信息联络员,使村庄里各家的事情让村里人周知。因为村庄里人很多,村民没有孤独感。

平原地区的聚点村庄,特别是比较大的村庄,未来的发展方向是特色小镇。只有发展和邻近城市互补的产业,才可能有成长空间。村庄的特色、突出的优势是什么,只有村庄里的人最清楚。这个庄里人,可能是每天在产业第一线忙碌的人,也可能是庄里茶余饭后闲谈的人。庄里的每个人,都是村庄的观察员,是村庄文明的建设者和劳动者。劳动出真知,村庄的特色完全可能在闲谈中被发现。人是有思考的高级动物,不管一个人的能力如何,只要专注某一方面的问题,都能成为专家。村庄里有时间的人,他们在集聚的时候,不但谈论本庄的事,还谈论其他村庄的事。在比较异同中,就找到了发展的真谛。劳动创造了人,村庄里集聚的人,都是劳动群众的一员,他们对村庄里的劳动任务了如指掌。人民创造历史,村庄里集聚的人,是创造村庄历史的一个组成部分。组织好村庄人口集聚,就是组织了村庄精神文明的建设力量。

平原地区的村庄比较大,每个村庄不止一个生产队或村民小组。每个生产队或村民小组都有其相应的集聚公共场地,集聚的时间内容等不一定相同,但都是围绕村庄发展进行的思考。集思广益,把各个生产队或者村民小组的智慧集中起来,思路共享是非常必要的。村庄基层组织,特别是村委会,要做好村庄文明建设的联系工作、组织工作和协调工作。通过微信等形式让各个生产队或村民小组实现信息共享、智慧共享。通过引导,让村民集聚谈论的内容符合文明村庄建设的要求。通过微信或简报等形式,引导村庄风俗习惯朝着科学、文明的方向发展。

村庄人口集聚是村庄风俗习惯的主要工厂。集聚的人们进行的是精神世界里的劳动,他们创造的是村庄精神食粮。田地里劳动的村民,创造的是村庄的物质文明。这两种劳动是建设欣欣向荣村庄的基石。

第五节　城市周边村庄静待城市扩张

在每座城市的周围,都分布着众多的村庄,村庄坐落在以城市为中心的环形带上。受城市气息的影响,村民的思想一定程度市民化了,生产劳动主要为城市居民提供以蔬菜为主的餐桌产品。这类村庄土地等资源极度稀缺,第三产业成为家庭收入的重要补充。[1] 这里土地等资源的边际效益很高,村民对其期望值也很高,因此,村庄整合的成本很高。应该在城市道路出口方向选取村庄据点,通过有实力的社会资本,将分散的村庄整合在一起,将分散的村民集聚起来,提高有限资源的经济效益和社会效益。

大中城市周围的村庄有些就是城市的郊区,或者是城市的一个区域,即使不是城市郊区,但离城市中心也比较近。改革开

---

① 佐赫、孙正林:《外部环境、个人能力与农民工市民化意愿》,《商业研究》2017 年第 9 期。

放以来,特别是户籍制度放开之后,这些地区的村民与城市人口的生活很大程度地融为一体,已经一定程度地市民化。村民往往借助居住上的便利,经常白天在城里劳动,晚上回到家里居住。并且,他们田地里的劳动也不耽误,他们经常把田地里的活干完之后,再到城里打工。由于靠近市区,土地经常被征用,占地补偿款很高,所以村庄村民守土如金,对土地期望值非常高。整合他们的土地很难,历史上每次征收他们的土地都不是一帆风顺。靠近大中城市的村庄还有种植上的优势,土地既平整又肥沃,水源方便,温度较高,即使不用保温大棚这样的保暖设施,一年都可能种两三季庄稼,使用大棚之后,基本上实现了一年四季不间断地产出。这也是大中城市周边土地的边际产出很高的原因。随着城市的不断扩张,村民的居住地离市区越来越近,城市的物流、维修、仓储等车间直接设置在村庄,使用租赁承包等方式利用了村庄闲置的居住空间。物流企业获得廉价的使用空间,村庄居民获得了较好的出租收入。村庄里的人经常到城市工作,但轻易不会放弃住宅的使用权。由于城市的房价很高,即使村庄人在城里找到了心仪的工作,也不会放弃庄里的住宅。村庄的户籍人口因为政策的限制增长不快,但村庄的总人数每年都在增加,因为在城里工作但被高房价挤出城市的人很多,新建物流、仓库等在城市空间分配完毕的情况下,不得不在距离城市比较近的地方安营扎寨。外来人补充到村庄里,村庄的人口日渐增多。和其他类型的村庄相比,当其他类型的村庄出现人口减少问题或者虽然人口增加但增加很慢时,城市周围的村庄人口增加则很快,当然这种情况不是人口出生率高导致的,而是人口流动快造成的。

人多地少,资源的稀缺性表现突出。城市周边的土地寸土寸金,住宅居住拥挤且狭小,街道被严重挤占,有时被挤占得只有高水平汽车司机才能把车开过去。城市周边村庄的土地供给一定,但需求不断增长,土地经常被征用,旺盛的需求决定土地价格逐年升高,历史上是这样,现在依然如此。居住在这里的村民,世代享受着土地逐年升值的红利。土地的稀缺性和它的增值性,还让越来越多的古建筑或者古物被保留下来。国家文物部门要求保留的当然要保留,然而很多保留的不是国家要求的,只是村民有涨价的预期。其实有些保留的东西是鸡肋资产,占据着一定的空间,影响着居住者正常的工作和生活,又没有观赏价值,不能作为旅游资源创造新价值,却就是不舍弃之。

整合这类村庄难度大,成本高,思想工作也不好做。需要依靠市场的力量强有力地推动。2020年,我国人口城镇化率已经达到63.89%。根据世界城镇化发展规律,我国进入了城镇化快速推进时期,虽然网上办公这种新的办公方式的逐步推进可能出现逆城镇化现象,但我国放开三胎生育政策以后人口总量必然增加,农业大规模机械化与现代化工具的使用对农村劳动力会有更多的替代,我国城镇化率肯定会逐年提高,城镇化还是要驶入快车道,城市毕竟还要扩张,还要继续向城市周边的村庄发展。城市周边的村庄,就是要依靠这种力量实现村庄整合与人口集聚。非常靠近城市的村庄,可以维持现有居住状况不变,等待城市扩张,成为城市的一部分。与城市距离稍微远一些的村庄,不必进行较大规模的整合甚至不必整合。这类村庄纯农业住户增加得很少,因为这里的人均土地很少,有些地方只有几分地,已经没有继续引进农民的资源。新增居住者多是城市工作者、城市工人。城市资本也会租赁村庄的空间。城市白领和实力资本进入村庄,就是对村庄最好的整合。他们有资金、有技术、有知识,能够从发展的远景合理地规划和设计他们租赁的村庄空间的未来。村庄引进的资本数量越多,越有利于村庄的规划和发展。当社会资本进入城市周围村庄时,技术、人才以及相关联的服务也同时来到村里,对村庄的发展和繁荣共同发挥作用。

城市周围的村庄,在借力整合的过程中,要发展村庄可持续发展的产业。主要产业是城市菜篮子工程。凭借离城市中心比较近的优势,发展菜篮子工程,发展餐桌农业。可以通过快递、外卖,成为城市工人厨房。城市周围村庄的土地质量很好,适合发展高效农业。可以发展冷棚种植或者暖棚种植,实现四季生产。可以发展观光农业、采摘农业,集旅游和生产于一体,提高土地边际收益。可以出租闲置的住宅给城里工作人员,可以出租院落作为城市工厂的库房或者生产车间,获得租金。作为城市菜篮子工程,土地面积可以不必连成大片。几分地就可以建设一个大棚,每个大棚大约需要2—3人料理,正好是一个家庭的劳动力数量。作为城市菜篮子工程,可以利用现代科学技术,但不一定必须使用大机器生产工具。吃的东西准备得越细越好,完全可以是劳动密集型产品。菜篮子工程产品是多种多样的,很难格式化。众多消费者的消费习惯、风俗以及口味是不一样的,很难格式化。这些与吃有关的特点决定了菜篮子工程很难用机器替代人的劳动。

当机器人大量替代人的工作的时候,劳动的稀缺性显现出来,劳动将成为稀缺资源,劳动的价格会大大提高,所以,城市菜篮子工程可以给很多的村民提供就业机会。经济社会越是发展,这种温饱之后对健康的要求就越是强烈,对餐桌产品、绿色环保和健康的要求就越高。对餐桌产品越来越高的质量要求,决定了餐桌产品生产过程的精细化和具体环节具体处理的灵活性非常必要,这一切表明餐桌产品尤其是菜篮子工程应该是劳动密集型产业,是机器很难替代的工作。

城市周围的村庄,发展劳动密集型产业,需要很多的劳动力,必然要求人口相应地集聚。人口集聚有利于社会生产生活所需的基础设施建设和医疗、卫生、学校等服务设施建设。服务设施建设得越是齐全完善,对资本和人才越有吸引力。当人才随着人口的集聚正比例增加时,村庄的发展就被带入了高水平发展和可持续发展的快车道。

城市周围的村庄,居民户多,人口密集,人员构成比较复杂,居民之间的了解和沟通很重要。这类村庄人口集聚适合小范围集聚。因为大范围的集聚很难组织起来。即使排除住房租住户,由于村民务农、务工、经商的都有,休息时间不一致,也很难组织集聚。虽然多数村民晚上会回到村庄,但是一天的劳累之后,再集聚的兴趣也就没有了。自然街道之内住户、左邻右舍,比较容易集聚在一起,这种集聚时间不会太长,但是很方便。小范围的集聚,需要有组织者。村庄里的人不像大山里的人,每天时间安排得都很紧张,人与人之间的交往是生存和生活所需要的必要内容,不能没有。同时,一些事情、事件还需要商讨达成共识。村庄基层组织,主要是村委会和街道办事处,应该培植一些在村庄有威望、有影响并且比较有时间的人,经常组织村民进行一定范围的集聚活动。开心娱乐、聊天打牌,在娱乐中传递信息。村庄如果没有公共绿地,则需要建立街道活动室。类似于城市小区的社区活动室,让村民在活动的同时,传递各种村庄信息。

城市周围的村庄,微信、腾讯视频等网络工具,适合经常使用。和大山里不同,城市周围的村庄,人口密集,人与人之间见面的机会多,在很难实现大规模人口集聚的情况下,网上交流同样让村民感到真实。事实上,当忙碌了一天的劳动之后,村民们很关心一天中所发生的事情。村庄很大,人很多,任何一个村民都不可能事事躬亲。了解发生在身边的事情是他们的心愿。明天将有什么情况发生,也是村民关心的问题。这些情况及时通过微信、腾讯视频等形式发布出去,更能够体现信息的时效性。村委会或者街道办事处,要经常组织村民在网上讨论公务,通过网络使村民互联互通、加深了解。村委会或者街道办事处在联系发布村民们关心的话题时,同时把基层组织要推广的理念也就推销出去了。

虚拟网络在作为人与人之间交际的工具时有两面性。当每天工作的实际场地有很多人的时候,闲余时间上网,感觉是工作中人与人关系的继续、补充或者完善,是工作关系的拓展。如果每天很少和人交往,闲余时间网上交流,会感觉人与人之间交往很神秘,很虚幻。正是网络交际的这种双面特性,它不适合作为丘陵地区村庄聚点人口集聚的主要方式,但非常适合作为城市周围村庄人口集聚的主要方式。

第六节 实施村庄整合与人口集聚模式的基础性条件

村庄整合与人口集聚是乡村振兴战略中,村庄建设的一项宏伟工程。村庄整合与人口集聚模式能否在实践中得到切实应用,取决于一定的基础性条件:整合的聚点村庄要有可持续发展途径,有维系村庄赖以生存的产业基础;要能够将村庄的山、水、田、林、湖、草、沙、冰、雪等资源变为产业,使资源资本化;要建立新型集体经济,实现规模经济和集体效率。

一、整合的村庄可持续发展途径

村庄赖以生存和可持续发展的产业条件是村庄世代繁衍的物质基础,村庄要发展,必须建立在扎实可靠的物质基础之上。传统农业地区,村庄发展依靠的是以土地为主要生产资料的种植业;传统牧业地区,村庄发展依靠的是以牧场为主要生产资料的养殖业;传统渔业地区,村庄发展依靠的是以渔场为主要生产资料的渔业。村庄整合之后,支撑村庄发展的产业肯定要建立在原有优势产业的基础上,但是必须形成村庄自己的特色。

农业经济属于自由竞争的市场经济,农产品生产单位很多,消费单位也很多,生产和消费很难形成垄断。国家也不允许在粮食生产与销售行业形成垄断。这就决定了以种粮为主的村庄,其生产和销售的基本稳定,只要不是非常时期,比如战争或者严重的自然灾难,粮食产品的生产价格和消费价格就不会大起大落。种粮增收通常来自于两个方面,一是价格的上涨,二是产量的增加。在粮食产品上,这两个方面的增速都很慢。根据供需平衡决定价格的经济学原理可知,任何产品的价格都不可能脱离需求独自增长。粮食价格上涨,一般是每年通货膨胀因素推动的价格慢慢增长。当土地面积一定时,单位面积产量的增加在种植手段一定的情况下,增长速度甚至不能每年都为正,即使为正,数值也很小,所以粮食价格基本稳定在某一水平,而且多年变化都不大。综上所述,种粮收入只能是缓慢增加。

以养殖业和渔业为主要生产资料的村庄,畜牧业初级产品和渔业初级产品利润率的提高幅度比初级粮食产品提高的幅度要大一些,因为畜牧业和渔业生产企业数量比粮食的生产企业数量要少,并且受地域限制。这两个行业虽然很难形成垄断,但也不是完全的自由竞争市场。因为有限的生产地域初级产品的价格常常互相参考、互相影响、互相制约。概括起来,畜牧业初级产品和渔业初级产品价格的需求弹性要比粮食产品的需求弹性大。产品价格需求弹性大,价格上涨时可以使生产企业年度增收得很快,但价格下跌时也使业主面临很大的风险。村庄的养殖业和渔业,可以不必追求过大的规模。因为规模大,利润高,但需要消耗的资源也多,市场价格波动时承受的风险也大,造成的损失是巨大的,可能让企业面临毁灭性的打击。规模小,利润少,但利润率不一定低,价格波动时造成的企业损失也小。小巧玲珑的企业,原材料等若干资料可以自己解决或者就近解决,在有熟人好办事的农村文化里,借助赊欠的便利容易渡过难关,避免倒闭的危险。如果村庄的养殖业和渔业保持适度规模或者就坚守袖珍规模,生产经营的利润率是稳定的,作为村庄可持续发展的基础也是稳定的。

村庄稳定是实施村庄整合与人口集聚的基础,但是在国家整体经济繁荣发展的情况下,如果村庄经济增长速度过慢,必然会陷入相对贫困之中。因此,村庄经济除了主要的来源外,还要有辅助形式的经济作为主业的补充,这种补充就是要发展深加工产业和副业。

以种植业为主要经济来源的村庄,要发展以粮食为原材料的深加工产业。首先,实现种粮的规模化经营,实现规模经济。将一家一块的土地,利用股份制的形式整合成大片土地,承包给种地专业户。也可以以生产队或者村民小组为单位组成生产单位,以集体的形式使用大片的土地。将小块土地连成大片土地之后,使用机械化和现代化工具,使用最先进的科学技术手段种粮,保证现有条件下可能最高的产量,准备好基本原材料。其次,在生产出粮食的基础上,对粮食产品进行深加工,提高粮食的附加值。可以将粮食加工成最终消费品,直接进入餐桌。也可以作为村庄其他产业比如畜牧业的原材料,通过畜牧业的发展提高粮食生产的利润空间。

以养殖业和渔业为主要经济来源的村庄,要发展以养殖产品和海洋产品为原料的深加工产业。首先,小面积的养殖场和渔场,要整合为较大规模的养殖场和渔场,实现规模经济。不同家庭有不同的管理水平,使得同样自然条件的牧场产出效率差别很大,总体加权平均起来考核村庄整个大牧场的使用效率,比只包给养殖能手或者村民养殖小组的效率要低。渔业养殖也是这样,本来水域是不可分割的,人为地化整为零。结果水域表面上被分配给了不同的家庭,可水面下面是连在一起的,活的渔业产品四处游走,虽然有围栏但也避免不了"互相串门"。喂养的饲料更是随着水的流动而四处漂流。如果是独立渔业池塘就不存在这种情况了。其次,以养殖业和渔业为主要来源的村庄,应该以畜牧业初级产品和渔业初级产品为原材料进行深加工,实现畜牧业产品和渔业产品价值增值,提高畜牧业和渔业的利润率,把利润尽可能地留在村庄。

由于历史的原因,以粮食为原材料的食品类粮食深加工企业、以畜牧业产品为原材料的肉食类畜牧业深加工企业、以渔业产品为原材料的水产品深加工企业绝大多数分布在城镇。现在主张在村庄整合后的聚点开展这类深加工产业,既有可能性,又有现实性,对企业发展和村庄发展都有利。首先,农产品深加工企业选址时主要考虑两个因素,一是要离产地距离近;二是要离消费者距离近。在工业经济时代,二者不可兼得。要么企业建在村庄附近,靠近原材料生产基地,但远离城市百货商店,实际是远离消费者,要么企业建在城市,靠近城市这个集中消费市场而远离原材料生产基地,即远离村庄。综合工业经济时代交通、通信、购物、市场容量等市场因素以及产地水、电、暖、基础设施、教育、医疗卫生等建厂因素,企业一般根据"两弊相衡取其轻,两利相权取其重"的原则选择了城市。在今天这样的信息经济时代,同样根据"两弊相衡取其轻,两利相权取其重"这个原则选择,企业应该选择在村庄附近建厂,因为今非昔比。

现在的产品和过去产品最大的区别是销售方式的不同。过去企业生产出产品后主要到实体店去卖,城市消费者比较集中,有利于销售。现在产品主要是网上销售,在产地生产和在城市生产面对的消费者群体和消费距离是一样的,产品只是在有生产企业的这个城市更靠近这个城市的消费者,在其他地区距离差别不大,产品邮递费用差别也不大。但是在产地生产的优势就显示出来了:第一,农产品主要是餐桌产品,产地生产出来直接发往消费者家中,省去了若干中间环节,争取了时间,防腐类添加剂等可以少用或者不用,更保鲜,质量更有保障,营养成分保留得更多。第二,农产品从产地到城市加工厂需要多支付运输、装卸费用,以及城市仓储管理高于村庄仓储的费用等,综合起来,农产品在产地生产加工,成本更低。第三,农产品深加工企业靠近产地有利于生产企业掌握企业使用的原材料的属性、品质和特点,有利于产品生产技术的提高和升级换代。第四,工业经济时代工厂建在城市,生产生活、医疗卫生教育等条件优越。网络时代城乡各种差别明显缩小。尤其是无人工厂,建在产地至少土地成本较低。总之,信息经济时代,对应于餐桌产品的企业,建在村庄附近具有多种优势。建在城市的中小型农产品深加工企业,会在乡村振兴战略实施的过程中从城市搬迁到农村。大型农产品深加工企业,因其需要大范围的种植面积才能保证原材料的供应,保留在大中城市可能是经济的。建在村庄附近的农产品深加工企业,它所雇佣的工人以及它在当地的消费等行为客观上已经是村庄的一部分,通过深加工企业相当于将农产品全产业链条的利润都留在了村庄,有利于村庄的快速发展。

二、村庄资源资本化

村庄整合与人口集聚之后,除了建立深加工产业提升村庄发展动能以外,还要利用好村庄所固有的自然资源,将山、水、田、林、湖、草、沙、冰、雪等资源变产业。

科技带领我国逐渐进入信息经济时代,商品的生产速度大大增强。我国生产的产品哪怕是刚刚问世的产品,也会很快满足市场需求达到饱和。当今世界市场也有很快告别产品短缺的特点。美国、欧洲、日本、中国等强大的生产能力很快就填满世界某种产品市场的需求。在迫切的市场需求被满足后,美国靠技术垄断维持高额利润。我国靠先进制造水平和相对较低的制造成本挤占世界市场,同时开发非洲等欠发达地区的国际市场。欧洲和日本的国际市场是萎缩的。当世界气候大会制定了到2030 年和2060 年碳达峰与碳中和等约束目标后,各国都开始了有计划的减排行动。这种行动的结果将遏制世界市场上一些浪费性需求的增长,降低世界市场对产品总量增长速度的要求,使世界市场对产品的需求增速降低。同时低碳行动让世人更加关注产品的质量而不是数量,人类的生产生活方式会更加强调自然和绿色。在国内市场很快饱和与国际市场增速降低的背景下,加之国内现代化生产技术的不断进步,机器对劳动力的替代越来越多,会有更多的人消费自然、绿色和闲暇。这就为村庄将山、水、田、林、湖、草、沙、冰、雪等自然资源产业化、货币化提供了可能。

村庄整合与人口集聚之后，利用自有资本吸收社会资本和人才，将村庄周围天然的山、水、田、林、湖、草、沙、冰、雪等特色资源，打造成旅游资源，配套建设好民宿、特色小吃等辅助旅游服务项目，让村庄比比皆是而城市稀缺的自然资源变为村庄增收的工具。

如果用历史的观点和长远的观点看客观存在，发现人们对客观存在的态度是在不断变化的。比如对待沙漠的态度，可以说过去是谈沙色变。沙漠一天一夜平移若干米，吞噬大片土地。现在科技发展治沙能力提高，沙丘的移动速度被控制，沙子得到开发和利用。当沙漠成了旅游景点时，它就成了当地村民手中的资本。

寂静曾经让人感到孤独，如果把寂静乔装打扮，也是一道风情线。陕西秦岭深处，有一个被称为"最安静小镇"的华阳古镇，凭借丛山包裹着的寂静成为陕西十大古镇之一。寂静是城市的稀缺资源，但在乡村可谓唾手可得。城市的人早已厌倦了让人疲惫但又在城市回避不了的噪音。到寂静的村庄远离了噪音，休养了疲劳的身心。

陕西省西安市长安区五台街道下辖的石砭峪新村，在房屋顶上安装玻璃，让客人躺在床上可以看见星星，欣赏星空。石砭峪新村把闪烁的星空包装成了旅游资源。星空对城市人和村庄人都是免费的公共资源，但是城市上空浓度过高的二氧化碳挡住了城市人观望的视线，造成了城市夜晚星空的稀缺。很多从小生长在污染比较严重城市的孩子甚至没有见过星空。城市星空的稀缺让村庄每过十二小时就必然出现的自然现象成了增收的资源。

自然资源原始的质朴中充满神秘的气息,增添了村庄的品位。①"清凉静谧的清晨,在鸟儿婉转的鸣叫中醒来,雾霭泛起,乳白的纱把重山间隔起来,只剩下青色的峰尖,影影绰绰的山脉,变得婀娜起来,仿佛群山就是一幅笔墨清爽的山水画。""去河堤上走走,杨柳依依,清风拂面,溪水淙淙,流水环绕,民居错落有致、质朴大方。一路诗意朦胧,仿佛时光在这里倒流。"这样的自然风光,田园诗般的生活,只有在村庄才能被发现。让人心旷神怡、心情舒畅、抓住人兴趣的自然资源,是都可以货币化的村庄经济来源。

村庄是村民居住的地方,是村民恢复体力继续工作的休息地,是村民生息繁衍的栖息地。村民居住的地方,也是人口集聚的地方,是人类创造精神文明的地方。生产力决定生产关系,经济基础决定上层建筑,这种辩证关系时刻显现在人类社会发展的过程中。农村社会生产力随着科技水平的不断进步而不断提高,当生产力发展到一定程度时,就必然要求生产关系进行相应的变革。

三、发展村庄新型集体经济

2021年中央一号文件提出,要基本完成农村集体产权制度

---

① 刘晓星:《中国传统聚落形态的有机演进途径及其启示》,《城市规划学刊》2007年第3期。

改革阶段性任务,发展壮大新型农村集体经济。① 完善农村产权制度和要素市场化配置机制,发展农村集体经济,激发农村发展内生动力。

新型农村集体经济是基于农村集体产权制度改革后的集体经济组织,以共同富裕为目标,以市场化资源配置为核心,产权更为清晰、集体资产底数更为清楚、集体成员资格更为明晰,引入现代企业管理制度,多种经营模式的一种新型的经济形式。② 新型农村集体经济,以农民为主体,相关利益方通过联合与合作,形成明晰的产权关系、清晰的成员边界、合理的治理机制和利益分享机制。

村庄新型集体经济有多种实现形式。一个村可以有多个集体经济组织,每个集体经济组织经营不同的业务,从事不同的工作,承担村庄经济发展的不同职能。每个集体经济组织成员可多可少,成员可以以土地或资金入股。集体经济组织根据市场发展的要求,实行有效的经营和管理。

家庭联产承包责任制,适合改革开放之后中国农村的客观情况,为中国农村创造了巨大财富。在大机器成为农业主要生产工具的现代化时代,包括土地资源在内,村庄资源开发利用的整体性要求越来越高,对村庄集聚经营的要求越来越强烈。村庄的土地资源,以及村庄周围天然的山、水、田、林、湖、草、沙、

---

① 《中共中央　国务院关于全面推进乡村振兴　加快农业农村现代化的意见》,新华社,2021 年 2 月 21 日。

② 高鸣:《多种方式推进新型农村集体经济发展》,《农民日报》2021 年 7 月 10 日。

冰、雪等资源的开发利用都要求资源的整体性。资源整体性的属性要求资源的开发利用方式的集体性。

改革开放之前农村以生产队为基础发展集体经济时生产效率不高，是因为当时生产力水平没有发展到机械化生产的阶段，同时农村劳动力过剩，适合小规模的生产劳动。现在，农村劳动力短缺，大机器生产工具完成了对农村劳动力的替代，应发展新型集体经济。农村有过集体经济发展的经验和教训，作为继续积累集体经济的财富，现阶段发展新型集体经济会更有效率。村庄资源化零为整发展新型集体经济，实现 1+1>2 的效果是村民所期望的。村庄整合之后，人口集聚的规模扩大，相互依赖的强度加强，集体主义意识在提高，实行集体经营有思想基础。

股份制经营、以生产队或者以村民小组为单位的集体经营等是新型集体经济的实现方式，新型集体经济要求有与之对应的集体劳动方式。与个体劳动和私人劳动不同，集体劳动要求劳动者要有集体主义观念，有大局意识。劳动的积极性和认真负责的程度要和给自己家劳动没有区别，也就是说，新型集体经济需要村民具有比较高的思想觉悟。

经历了农村人口城镇化的大变迁，村庄人口减少。物以稀为贵，人与人之间的合作也具有了稀缺性。村民认识能力的提高已经很清楚地理解了大河有水小河满的道理，现代化工具的使用大大降低了体力劳动的强度，村民也没有必要再偷懒。机械化生产工具的使用，即使是集体劳动，劳动者的数量也不会很多，管理者的监督不会因鞭长莫及而没有效率。少数较少的集体劳动其责任关系是很清晰的，具有家庭联产承包责任制产权清晰、职责明确的效果。某种程度上,大机器使用的趣味性还能够诱发劳动者的积极性。村庄物质产品越来越多也让村民对物品消费的边际消费倾向递减,村庄人口的稀缺使人与人合作的边际效用递增。

村庄整合之后,有了维系村庄进一步发展的物质基础,有适合资源整体开发的集体经济组织,有维持集体劳动效率的思想境界,村庄的可持续发展就有了保障。村庄经济社会发展得越好,人口集聚的水平和质量就越高。反过来,人口集聚的效果越好,集聚的规模越大,越有利于推动村庄的发展。

第七节　村庄整合与人口集聚可借鉴案例分析

一、河南省漯河市临颍县城关镇南街村

南街村全村有回、汉两个民族,共 848 户,3180 口人,1000多亩耕地,总面积 1.78 平方公里。南街村可以称为乡村都市,村中道路全部硬化、绿化、亮化。春天花团锦簇,夏日荷花飘香,秋有金菊绽开,冬有蜡梅怒放,一年四季生机盎然。被誉为中原大地一颗璀璨的明珠。村民们享受着 14 项公共福利,住房村里统一按需分配,室内家具、电器、炊具、中央空调一应俱全,全部由集体统一配备;小孩从幼儿园到大学毕业,所有学杂费都由集体负责解决;村民看病由村里统一报销;粮食、吃水、用电、液化气全部免费,每人每月另发福利购物券;青年结婚、老人去世,一切费用都由集体负责。在南街村真正体现了建设"共产主义小

社区"的优越性。

南街村布局合理,工业区、生活区、教育区分布有序、错落有致,花园式的企业、花园式的住宅、花园式的校园,使南街人在这里工作、生活、学习轻松愉快、幸福安然。

1978年以前,南街村人均年收入70多元,每年每人分到的小麦在150斤左右,遇上天灾人祸,很多人卖了小麦换红薯干、杂粮吃,温饱问题解决不了,70%以上的农户住的是破草房,30多岁男子找不到老婆的很多。

面对南街村父老乡亲对贫困的无奈和对幸福生活的渴望,年轻人王某某毅然决然辞去了在县城稳定的工作,返回了南街村。王某某带领全村父老乡亲,在一穷二白的黄土地上,白手起家。

南街村在1981年将土地承包到各家各户,1984年,我国废止了人民公社制度,广泛推行家庭联产承包责任制。就在这个时候,南街村在村支部书记王某某带领下,又把土地收了回来,重新走上了集体经济的道路,还将学习《毛泽东选集》、念毛主席语录等其他地区已经消失的举动在生产生活中保留下来。南街村回收耕地,开办村办企业,走上了发展村集体经济的道路。

南街村人有过被贫困折磨的痛苦经历,当村民在王某某的带领下村庄集体经济有所发展的时候,看到希望的村民,紧紧地团结起来,形成了一股强大的集体力量,使村庄集体经济迅速发展壮大。当时中国处在"摸着石头过河"的试探时期,第一个"摸着石头过了河"的村庄必然会受到广泛的关注,这个村就是南街村。媒体对南街村进行了大力宣传,各地参观者不断增多,马太效应显现。当地政府给予大力支持,银行贷款也向南街村倾斜。南街村人抓住了这个天赐良机,迅速发展。

南街村以毛泽东思想为旗帜,集聚了人心,凝聚了村民的力量。在巨额贷款的支持下,南街村迅速发展企业,先后建起了面粉厂、方便面厂、啤酒厂、调味品厂、胶印厂等 26 个企业,包括 5 家中外合资企业。

1991 年,南街村成为河南省第一个亿元村。南街村在村里竖立起汉白玉的毛主席雕像,民兵 24 小时守卫。每天清晨,村民们就在《东方红》的乐曲中有序地走进工厂,下午在《大海航行靠舵手》的乐声中走出工厂。村干部与职工同工同酬,就是作为南街村党委书记的王某某,就坚持每个月只拿 250 元的工资,他要带头发扬奉献精神。

在南街村的发展历程中,王某某是核心人物。王某某除了任南街村党委书记、南街村集团董事长外,1991 担任临颍县城关镇党委副书记,1992 年担任临颍县委副书记,2002 担任漯河市人大常委会党组成员、副主任,中共十四大、十五大、十六大、十七大、十八大、十九大代表,河南省五届、七届人大代表,中共河南省五次、六次党代会代表。王某某还是河南省优秀共产党员、全国优秀党务工作者、全国优秀乡镇企业家、全国劳动模范、"五一劳动奖章"获得者。

20 世纪 90 年代,南街村产业发展所需要的资金主要来自于银行贷款,从 1991 年开始,南街村的贷款额连续多年数倍于其利税,但即使多年未见效益,银行也愿意给南街村贷款。就在连生产投资都主要靠银行贷款的情况下,南街村仍然进行基础设施建设和公共设施建设投入,提升村庄的宜居性。1993 年,南街村办南街学校投资 5000 万元;1995 年,办幼儿园投资 1500 万元。

1998 年之后,南街村经济发展速度放缓,整体出现下滑趋势。由于连续多年的经济下滑,从 2003 年开始,数家上市银行停止了向南街村贷款,其他金融部门也不再向南街村继续贷款。为了遏制南街村经济下滑趋势,漯河市政府以财政局名义,通过临颍县财政局给南街村注入了 3000 多万援助资金。

南街村为了增加收入,2004 年开始开发红色旅游业。南街村在村里复制了毛泽东故居、黄洋界、枣园窑洞、遵义会议会址、延安宝塔、西柏坡等具有象征意义的标志景观。南街村以其特有的红色思想文化内涵吸引人们的视线。临街墙壁上张贴宣传标语,主干道两旁路灯柱上挂上名人名言,幸福长廊两侧张贴革命历史图片,进行革命传统教育的亮点异常突出。随着参观人数的增多,南街村逐渐形成了 8 个观光景区。

南街村的发展不是一帆风顺的,但当他们遇到困难时,依然探索前行。2008 年到 2012 年,南街村抓住国家应对国际金融危机刺激经济的机遇,实现了经济的迅速回升。2011 年实现销售收入 16.5 亿元,超过历史上最好的 1997 年,实现利税 1 亿元。此后,发展相对顺利,到 2019 年产值达到 23 亿元。2020 年新冠肺炎疫情形势趋缓后,各生产企业快速复工复产,尤其是食品等刚需性产业首先恢复正常工作。

南街村非常关注可持续发展问题,将产品转型升级、劳动力升级、产品升级作为战略重点。寻找优秀的可持续发展产业,向智能化方向迈进,研发新产品丰富市场。

在继续发展的问题上,南街村选择的是高质量发展之路。农业是南街村的传统产业,因为土地总量有限,南街村选择了种植蔬菜。南街村投资 1500 万元建成 135 亩无公害蔬菜园区,建筑设计和配置均采用最新科技和材料,综合运用先进的日光温室、无土栽培、水培、滴灌、生物等技术。所种果蔬基本都是从国内外引进的高、新、特、稀、优类品种。严格按照 A 级无公害蔬菜标准进行生产经营,已经建设成为河南省无公害农产品生产基地,产品得到消费者的广泛认可。

南街村的工业主要是以粮食产品为原材料的深加工企业。南街村的方便面食品公司、食品饮料公司、调味品公司、面粉厂、啤酒厂、包装厂、麦恩鲜湿面公司、胶印公司、彩印公司、制药厂等企业围绕农产品深加工展开生产和经营。这些生产企业的原材料多数来自当地农业产出,加工企业在原材料的获得方面具有成本优势。主要产品有方便面、鲜湿面、巧克力棒、调味料、饮料、啤酒、白酒等,南街村企业的产品畅销全国,并出口俄罗斯、蒙古国、加拿大、美国等国家,市场需求旺盛,销售多年保持了良好势头。

南街村重视思想教育。南街村投资 100 万元,在村中心建起了东方红广场,占地近万平方米。广场上,汉白玉毛主席雕像和马克思、恩格斯、列宁、斯大林巨幅画像高高矗立,40 面红旗迎风飘扬,汉白玉毛主席雕像前 24 小时有民兵站岗执勤,这里成了南街村人和外地游客进行社会主义思想和共产主义理想教育的好场所。每年"七一"中国共产党建党日和五四青年节,南街村都要在这里举行隆重的新党员入党宣誓、老党员重温誓词仪式和新团员入团宣誓仪式,接受毛泽东思想的再教育。

南街村作为平原地区的一个村庄,从它的发展历程中,至少有以下几点可以借鉴:①

第一,南街村发展集体经济,集中了村庄的资源,保证了资源的利用效率。集体经济和个体经济都是经济发展的组织形式,利用好都可以产生良好的经济效果。20 世纪 80 年代,当全国绝大多数农村实行包产到户,将村庄资源承包到各家各户经营的时候,南街村选择了集中村庄资源,发展集体经济的道路。在包产到户取得良好经济效益的时候,南街村的集体经济同样取得了骄人的成绩。这表明,不论是个体经营的经济形式还是集体经济形式,都可以实现农村经济的有效发展,是农村经济发展的不同途径。

第二,思想觉悟也是生产力。南街村不同于其他村庄的做法,它是把毛泽东思想作为精神力量,把社会主义思想作为行动指南,把共产主义思想作为奋斗的信仰。用毛泽东在村民心中崇高的地位来统一村民的认识和行动,包括读毛主席语录这样的形式,也成为南街村统一村民意识的方式。南街村城楼上挂着孙中山的画像,刻着孙中山的名句:"天下为公,世界大同",广场上还有"毛泽东思想永远放光芒"等大字标语,其教育意义不言而喻。

南街村用毛泽东思想教育人,以雷锋精神鼓舞人,以革命歌曲激励人,提出了建设共产主义小社区的奋斗目标,强化了职工村民的集体主义精神,营造了浓厚的昂扬向上的集体主义氛围。

---

① 参见《南街村王宏斌:坚持"十个集体",忠实实践党的奋斗目标》,《光明日报》2020 年 9 月 25 日。

南街村要求党员干部、职工村民发扬奉献精神,人人敬业爱岗、乐于奉献。南街村用红色文化使村民思想和行动高度统一。在南街村,思想觉悟成是经济发展的力量源泉,是战胜困难的精神力量,是巨大的生产力。

第三,立足农业,发展工业。1978年以前,南街村是极其贫困的村庄,村民守着有限的土地,吃不饱饭。改革开放之后,农村出现生机。但是南街村作为平原地区的一个村庄,耕地有限,人均土地不多,如果仅仅发展农业不会有大的发展。于是南街村立足农业,围绕农业办工业,发展深加工产业。虽然粮食产品利润空间有限,但粮食深加工产业利润空间很大。

南街村还围绕龙头企业上马配套项目,拓宽产业链,以较低的人力成本优势和集体主义热情发展加工工业,推动了工业企业的快速发展。如果南街村只发展种植农业,可能实行包产到户的耕种方式比实行集体经济的方式更有效,但不会像今天的南街村发展得这么好。如果用个人承包的方式发展工业,也不会有今天的南街村。南街村用集体的力量发展农业深加工产业,发展相关工业产业,显示出集体经济的效率。

第四,村庄带头人很重要。南街村的发展与王某某的正确决策分不开。1984年,王某某通过回收耕地开设村办企业,重走集体化经济的道路,让南街村具备了远远超越其他村庄发展的速度。同样是王某某大胆的贷款经营模式,让南街村享受到了金融大力支持企业的红利。

第五,南街村的共产主义思想,是无形资产。毛泽东思想是全国人民的指导思想,雷锋精神是中国人民学习的榜样,集体主义是民族文化的精华。南街村把这些先进的思想文化打造成了村庄的灵魂,成为村庄文明,在这样的氛围中生产出来的产品,消费者信任度高。南街村人的诚实、善良、无私、友爱以及他们的奉献精神是他们工厂产品的最好广告。王某某的个人品质和他的言行举止是产品的最好代言人。南街村村民免费享受粮食、肉、油等配给,住宅、教育、医疗、办红白喜事也一概免费等成功实践,类似人们所向往的理想生活。南街村的集体经济发展模式在现代化大机器生产阶段是客观选择,南街村人的精神境界与生产力实现了同步发展,精神力量极大地推动了生产力的发展。精神文明建设与物质文明建设同步发展,相互促进,是做好村庄事业的有效途径。

二、四川省成都市郫都区唐昌镇战旗村

(一)土地集中

战旗村是实行土地家庭联产承包责任制比较晚的村。1981年,家庭联产承包责任制已在中国农村大部分地区推广,但战旗大队绝大多数村民不愿意将土地分下去。1982年,县里领导不再批准推迟执行家庭联产承包责任制的申请,战旗村才开始走上家庭承包经营的道路,将集体统一耕种的土地发包给农户耕种。

2003年,战旗村干部参观了华西村、南街村,受到启发,决定将战旗村的土地整合后由村里实行规模化统一经营管理。[①]

---

① 董筱丹:《一个村庄的奋斗:1965—2020》,北京大学出版社 2021 年版,第 158—159 页。

村委会认为土地集中有利于村里发展村办企业,有利于引进外来企业,可以为引资留有余地。

在动员大会上,村干部给村民播放华西村、南街村的光盘,介绍这些村是如何通过集中土地资源、发展集体经济过上好日子的。通过广泛宣传动员,村民思想有了初步的统一,基本上接受了村委会的观点,即农业要发展,就必须实行土地的规模化生产和经营。

起初村干部决定对村里9个村民小组都进行组内土地集中,但一轮动员之后,只有3个村民小组同意试验组内土地集中。而在讨论集中方案时,又有1个村民小组因为意见无法统一退出了试验,最后只剩下两个小组达成了组内集中协议,进行试验。

两个村民小组,首要的工作是进行土地勘测、集中土地,重新分配土地。在试验的两个村民小组里,一个组有210人,人均约1.3亩地,加上边角土地,共有将近300亩。经组内村民同意,重新测量土地面积并评估土地的肥沃程度,决定平均每人拿出0.21亩地,集中了大约50亩地,这50亩地是组内最贫瘠的土地,把划出来的土地交给村委会,村委会负责土地流转经营。另一个村民小组有180人,共有约200亩地,也集中了大约50亩土地。两村民小组其余的土地,不管原来土地承包证上土地数量是多少,也不管原来实际占地面积是多少,都按当时实际人口的数量重新平均分配,在此之前未得到土地的新生儿、新媳妇也都参加了土地的平均分配。

在土地整合的过程中,村干部积极引导,配合组长做土地集中的工作。两个村民小组各集中起来 50 亩土地后,村干部带头进行农田改造、修路等进行耕种的前期准备工作。基础性建设初步完成之后,村干部负责寻找土地集中后的承包经营者,代表村民小组和土地承包人商谈有关承包事项。经过村干部的努力,两块土地一块以每年每亩 380 元租金包给村内种粮大户杨Y,另一块以每年每亩 480 元租金承包给了邻镇的种植大户李YC。随着配套基础设施的逐步完善,第二年租金分别上调为每年每亩 500 元和每年每亩 600 元。①

杨 Y 承包的 50 亩地,2003 年和 2004 年,种植玉米、小白菜等,因投钱修路并挖深沟等投入大、市场同类产品过剩、产品价格波动等原因连续两年亏损。2005 年,杨 Y 改种草坪,种了半年后,收益依然微薄,经过市场考察,杨 Y 改种花卉苗木,当年初见成效。2006 年在全村大规模集中土地的时候,杨 Y 又多承包了一些土地,将承包的土地总面积扩大到了 300 亩,继续种植花卉苗木。2006 年末,杨 Y 承包的土地总销售额达到 100 多万元。从 2003 年至 2010 年,杨 Y 每年都为村里解决 50—60 人的就业问题。平时,杨 Y 的 300 亩花卉苗木,每年都需要长期工人近 30 人。

2003 年,战旗村在两个村民小组试验集中了 100 亩土地之后,计划 2004 年继续在其他村民小组推行土地集中。但是一直到 2005 年,工作一直没有多大进展,集中的土地面积没有发生

---

① 董筱丹:《一个村庄的奋斗:1965—2020》,北京大学出版社 2021 年版,第 167—168 页。

太大变化,仅有一些村民相互流转土地种植蔬菜花卉。2005年,战旗村计划发展村办企业,面临土地约束,农地小面积分散种植的效益低下的情况也暴露出来,进一步推进土地整合成为村委会的当务之急。

2005年,郫县县政府提出进一步推进唐昌镇城乡一体化工作,以战旗村为重点进行农民新村建设规划试点工作。要发展农业专业合作经济组织,最大限度地将单家独户的农户组织起来。明确推进土地向农业龙头企业、农村新型集体经济组织、农民专业合作经济组织和种植大户集中,提高农产品竞争力。同时,成都市推进土地适度规模经营的制度探索和鼓励政策也在逐步完善,主张在家庭联产承包责任制的基础上,按照依法、自愿、有偿的原则,采取转包、租赁、入股等形式,实现规模化、集约化经营。

根据政策指导意见,战旗村结合本村的具体情况,在镇政府的引荐下,请来成都市村镇设计院的设计师来帮忙制定村庄整体规划,计划将全村的农用地、宅基地、经营性建设用地重新配置,为实现土地规模经营和集中居住做准备。预算9万元,但是直到2006年,只完成了规划的一部分,花费也只有5万元,不过从这一时期开始,战旗村已经考虑在全村范围内进行空间规划,实行土地大规模集中。

2006年,村委会引导农民以土地承包经营权入股、村集体注入资金的方式,组建了战旗村土地股份合作社。合作社的主要任务:一是土地经营管理,对接种植大户、外部生产企业,将土地成规模地流转出去,降低投资者对接众多农户的交易风险和交易成本,发挥土地规模利用优势。二是协调种植品种,管控园区种植品种的选择,避免形成恶性竞争。三是做好平台融资工作。国家和地方政府,有支农专项资金,通过农业合作社这个平台,可以承接农业方面的政策补贴,节约村上发展资金。另外,合作社还是农业政策的实施机构或组织机构,使国家和地方政府的惠农政策有效落地。

在一系列政策的支持下,2006 年战旗村又集中了 500 亩土地。这次土地集中比较顺利。村干部从 2006 年上半年就开始做村民的动员工作,对非常不愿意流转土地的村民,村干部尽量给他们调地,以在保证他们的个人利益和确保流转土地能连片之间达成平衡。村民实在不愿意调地的也不勉强,他们仍然可以耕种自己原有的承包土地。这种维护村民自耕土地权利的方法,减少了其他村民将土地交给集体的顾虑。成立合作社后进行土地规模经营可以申请政府补贴和基础设施建设项目补贴,让村民形成了较强的收益预期,村民将土地交给合作社的积极性得到提升。

关于给村民分配利益的方式,无论是风险主要由合作社承担,给村民固定租金,还是风险主要由村民承担,给村民浮动收入,村民都不愿意接受。因为前者日后村民无法获得土地的增值收益,后者不符合农民作为风险规避者的理性。研究之后,合作社采用了"720 元/亩保底+50%二次分红"的分配方式,既可以通过保底租金给予村民稳定的收益,又可以使村民持续获得日后土地的增值收益。开始定的保底收益每年 720 元/亩,很多村民反映保底收益太低,从 2008 年开始,村委会将保底收益提高到了每年 800 元/亩,而且是预付租金,降低了村民的风险和减少了村民的顾虑。村委会承诺流转土地的费用减去 800 元的溢价部分扣除成本后,由村民和村委会五五分成。基于这种分配方式,村民对收益增强了信心,愿意将土地流转给村集体。利益问题是土地集中的核心问题,是村民最关心的问题,是矛盾的焦点。有效的利益分配方案,极大地降低了土地集中过程中的矛盾。同时,村民又可以在村里的企业上班,获得工资收入。由于当时战旗村已经有了修建新居集中居住的规划,村办企业这一吸纳就业人员的举措也正好符合农户期望获得稳定收入的心理。

战旗村正式推进土地集中是在秋收后实施的,村民与村委会签订协议,然后通过村合作社将村民手中的土地集中起来,再由合作社将土地流转给种植大户。降低了农户搜寻信息的成本,也降低了种植大户与众多农户协调土地流转的交易成本。当然,也有村民认为,通过合作社流转土地会降低自己到手的租金,因此不愿意将土地流转给合作社,而是直接流转给种植大户,对于这部分人,村委会充分地尊重了他们的意愿。

合作社成立后,县农发部门花费 300 多万元为战旗村修沟、筑路、建桥,提供基础设施建设资金。战旗村约一半的农用地都在此次基础设施建设中获益。由政府出资配套水、电甚至大棚,改善了农业生产的基本条件,设施化农地推动了村庄资本密集型农业的发展。

改善农业生产条件后,每年租金提高到了每亩 900 元到 1000 元,2008 年达到了每年每亩 1200 元,此后年年攀升,2020

达到每年每亩 2150 元。

有了村合作社这个中间组织,一定程度上降低了经营风险。当承包户经营状况良好的时候,承包户的租金是预付的;当承包户经营状况不好的时候,很多种植大户采用了后付租金的方式。这方便了承包人,合作社替村民承担了支付风险。

合作社使用的"保底＋分红"的利益分配方式,产生的这些地租在支付村民保险、农田水利维护、合作社经营管理等费用后,剩余利润在村民与村委会之间再进行二次分配。

(二)宅基地整理助推土地大集中

2007 年,战旗村被列为"农村新型社区建设项目"试点,9 个村民小组都加入到了"拆院并院"的试点行列之中。

被列为试点后,战旗村 2007 年 1—8 月主要做宣传动员工作,进行户型意愿调查,制定设计方案及规划,统计勘验旧房等。多数村民的原有房屋已经十分老旧,村民对于低成本住进现代化小区十分期待。但也有 20% 左右的农户由于自家房屋新建不久,担心种地不方便或住房成本高等原因而犹豫不决。为此,村委会通过给予经济补偿、土地集中经营和引进企业解决就业的预期,在众多村民和村干部的带动下,最终基本做通了这 20% 左右农户的工作。

2009 年村民大规模搬入新居后,原有住宅自行拆除。战旗村便开始整理土地还耕的工作,同时动员村民将土地流转给战旗村专业合作社集中经营。拆除旧居后,一次又一次地清理院子里大大小小的石块,很多田都是一两年后才完成还耕复垦的整理工作并验收合格的。原宅基地整理为耕地后,原使用者不再享有使用权,由村委会集中起来,参加承包地的确权分配,承包地实行全村统一人均确权。土地综合整治项目的实施,事实上是通过耕地集中的收益预期,撬动了全村宅基地的整理,促进了耕地在全村范围内向合作社集中,实现了土地的规模化经营。

集中居住后,村民劳动半径扩大,劳动机会增多。随着村内企业吸纳就业人数的增加,村民耕种土地的意愿明显下降。于是村委会以项目为契机,借助对村民土地的广泛调整,成功动员绝大多数村民将还耕后的土地流转到战旗村合作社,由合作社统一经营。

到2009年9月,合作社集中流转土地1097亩,约占全村耕地的60%。为配合县里现代农业产业园的总体规划,合作社将700亩土地承包给种植大户,余下的397亩经过复垦、整理,种植高效蔬菜。397亩土地中育苗中心15亩,全部建成钢架结构的大棚,采用漂浮育苗法,即用液体培养基质育苗。所育种苗不但满足了战旗村的需要,还满足了周边3000余亩地种植蔬菜的村民的需求。另外380余亩的新品种蔬菜种植中心为简易大棚,主要种植苦瓜、冬瓜、甘蓝等优质蔬菜,采用套种、间种等种植方式,经济效益非常可观。仅战旗村合作社就解决了当地100多人的就业问题,带动了村民的致富和增收。

到2011年年底,合作社集中了1820多亩土地,约占全村耕地的95%,[1]采取三种运作方式:一是合作社集体经营90亩,建

---

[1]　董筱丹:《一个村庄的奋斗:1965—2020》,北京大学出版社2021年版,第175—176页。

成 15 亩现代化蔬菜育苗中心,加强新品种试种示范;二是引进生产企业和龙头企业 16 家,流转土地 1740 亩,集中发展现代农业;三是用于发展村内集体企业,壮大集体经济。通过园区建设,建成 400 亩无公害蔬菜种植基地;建成 320 亩标准化、规范化的现代农业观光大棚;建成 160 亩标准化食用菌种植基地;建立 600 亩妈妈农庄,发展有机蔬菜 600 亩。实现年产值 9000 万元。

截至 2019 年年底,合作社共运营管理 1937 亩农用地,1670 人入社,约占全村确权人数的 98%。其余农户,因为在社区外道路两旁,特殊的地理位置决定了他们选择自己经营土地。

合作社不仅集中了土地,而且通过"保底+分红"的分配方式,让农民成为农业工人,获得工资收入,让住入楼房的农户获得了稳定的收入。在考虑村民入住楼房后居住成本增加、土地集中后剩余劳动力增加等问题,村委会在引进企业时,在同等情况下,优先选择能够解决更多劳动力就业的企业。

成都市郫都区唐昌镇战旗村通过合作社解决土地化零为整问题很有借鉴意义。通过战旗村合作社这个中间组织,减少了土地承包人分别与众多村民对接的麻烦,提高了成功交易的概率,降低了违约风险。承包人面对的是合作社,而不是利益攸关的村民,使包括价格在内的谈判更理性、合理、公平。合作社代表村民的利益,但又有办成事、办妥事、办好事的职责,合作社只有站在承包人和村民利益的平衡点上,才能完美地实现它的功能。合作社是战旗村的合作社,是村民们信得过的,这就减少了很多无端的猜疑。实际上,承包人和村民的一些风险,比如不能支付的风险,被合作社承担了,合作社成了类似于淘宝支付的第三方。当合作社代表村民经营土地时,以集体的智慧经营集体的土地,利润留在了村庄,为村庄的基础设施建设、公共设施建设以及社会福利提供了物质保障。

通过合作社把土地承包给种植专业户或者企业生产经营,既保留了家庭联产承包责任制产权清晰、职责分明的优点,又克服了土地条块分割不利于机械化大生产的弊端,这种方式是对家庭联产承包责任制的有效改进。

和理论的推理相吻合,村庄土地实现化零为整经营之后,村民的劳动空间扩大了,劳动的机会增多了,收益比原来增加得更快。土地化零为整,是把村民从低效的劳动中解放出来,是现代化大机器生产工具对人的简单劳动的替代。时间本身就是资本,村民的劳动力从小块土地中解放出来,流动到劳动的边际收益更高的岗位,是一种社会资源的优化,仅以经济效益衡量土地化零为整的过程也是帕累托改进。

战旗村的"拆院并院"值得称道。通过拆院并院,整理村民原有的宅基地、院落和街道,增加 440 多亩建设用地指标,其中的 215 亩整理为安置村民的新型社区及基础设施,新型社区安排了 98% 的村民,除了在社区外道路两旁的住户外,战旗村村民都住进了小区。另外的 208 亩建设用地整理为耕地,等于把原来村庄一半的占地面积腾出来了。战旗村这种拆院并院的做法,可以复制到其他平原地区的村庄,同样的方法可能会腾出更多的地面面积。

战旗村的村民拆院并院之后,根据各户的不同情况,有的农户选择了小区里的多层楼房,有的选择了别墅。更多时间在村里企业上班的人选择了楼房,承包经营土地的人选择了别墅。新型住宅小区的设计者考虑了村民的不同类型,满足了村民户各取所需的选择。

村民进住小区,占地面积比原来松散无章时的居住面积小很多,人口密度大了,人口集聚程度提高了,人口集聚形式也发生了变化。土地没有集中的时候,村民集聚主要形式是家庭集聚、村民小组集聚、闲散人员的小范围集聚。关心的内容主要是家庭生活琐事和土地种植问题。村民生产小组是人口集聚的一道明显的界限,小组内的村民集聚得比较多,交往也多,相互帮助比较多,当然摩擦也比较多。当村民住进新型小区之后,居住高度集中,原来的集聚习惯也改变了。这时的集聚形式主要是家庭集聚、楼道集聚、外出劳动人员家属集聚、小区广场集聚等,谈论的内容也比原来丰富很多。当然什么时候也少不了以吃喝穿住为主要内容的家庭琐事。同一楼道住户的邻里关系,外出劳动的工资待遇、环境条件,小区的发展,村合作社红利分配等都是人口集聚时谈论的焦点话题。小区里同一楼道的住户原来不一定是同一个生产小组的,村民将土地流转到合作社经营之后,合作社给出统一的管理经营规则,和村民生产小组的关系不大了。所以同一个村民小组人员或家属的集聚少了,集聚的小组界限明显淡化。其实,集体时间久了,村民小组也就成了历史产物。

以农民为主体的小区居民与城市普通小区的居民是有区别的。一天之中农民与自然资源打交道的时间比较多、体力劳动的时间比较多,这就注定了他们具有爱交往的天性。城市里的居民,同一栋楼同一单元同一楼层的邻居,可能互不认识,因为他们的工作单位不同、上下班时间不同,见面的机会不多。在相同时间上下班的,在电梯里见面了,多是打个招呼,没有时间问长问短。农民居民就不同了,除了在工厂上班的农民外,其他村民劳动的时间弹性比较大,季节性比较强,闲余时间相对要多些,聊天的时间也会多。另外,城市居民大都有比较稳定的工作,不需要经常改变工作种类。农民则需要经常关注用工信息,寻找工作机会,每个人都是信息源,与人交往是获取信息成本非常低的渠道。交流本质上也是掌握知识的途径,农民很少有时间看书学习,与人交流正好是一种补救。交流还是一种脑力劳动,城市里上班的人多数从事脑力劳动,当他们劳动很长时间之后,期望的是休息一下,对他们来说,安静就是休息。而以从事体力劳动为主的农民,劳动之后也期望休息,但他们把大脑从面对劳动对象的物品转向具有思辨思维的人的时候,就是一种大脑兴奋点转移式的休息。不同类型的居民就有不同的人口集聚文化,规划以农民为居住主体的小区,应该体现出农民居民的这种集聚特点。

第六章　村庄整合与人口
集聚的保障措施

　　村庄整合与人口集聚是乡村振兴战略下的一项大工程,它涉及村庄建设的方方面面,是个系统工程。完成这项事业,不但需要社会资本、人力资本、科学技术等物质力量的支持,还需要建设者同心同德、齐心协力、共克时艰的努力奋斗。实施村庄整合与人口集聚工程,建设主体必须制定一系列强有力的措施,保障工程的顺利进行和完工后的健康发展。

第一节　村庄整合与人口
集聚的建设主体

　　自古以来农业都是国民经济发展的命脉,因为农业提供的是餐桌产品。即使在科技飞速发展的当今世界,鼠标仍然点不出馒头,农业的命脉地位依然没有动摇。但农业又是弱质产业,没有完全摆脱靠天吃饭的命运。正是由于它的重要性和弱质性,世界各国政府对农业都给予不同程度的优惠政策和政府补贴。

　　农业的重要性、弱质性和政府补贴以及收储粮措施,决定了市场经济条件下,农产品的价格也不完全由市场决定。农产品价格既随着市场供求关系的变化而变化,也会受到政府的调控,所以农产品价格不会大起大落。只有价格稳定,农产品生产和经营才有利润存在。因为农村耕地面积每年基本不变,粮食供给的增量主要依靠单位面积产量的增加来实现,而消费粮食的人口与家畜是逐年增加的,对粮食的需求量是逐年增加的,有需求,就有利润。当然,农产品生产和经营不是获得超额利润的行业,粮食安全出了问题就是国家最大的不安定因素。长时间包括粮食在内的生活用品都不能缺,但就短时间而言,什么都可以缺唯独粮食和水不能缺。饮食安全至关重要,国家通过收储粮政策、农业生产补贴等政府调控手段足以稳定粮食价格。粮食价格基本稳定,即使农产品生产和经营企业很多,也形成不了垄断市场经营,所以不会获得超额利润。只要正常经营,巨亏的可能性也不大。

　　农产品生产经营的这些特殊性决定了村庄整合与人口集聚建设主体的选择性。过去,农村村民理所当然是农村事情的决策者、建设者、当事人。信息经济时代村庄已经不是原来那种和外界联系很少,自成体系的环境了。如今村庄和世界时刻联系在一起。村庄的产品供给、市场需求,远离村庄的任何人都可以掌握,只需要关注就可以实现。餐桌安全是一个国家的每一个消费者即全国人民都非常关心的问题,当村庄通过当代信息系统和世界相连的时候,村庄的事就不再只是村里的事,那么,村庄的建设主体就不再只局限于村里人。这个建设主体在信息经济时代可以向关心、热爱村庄事业的单位和个人放开限制。也就是说,村庄整合与人口集聚的建设主体可以有更多的选项。

乡镇基层组织,是村庄整合与人口集聚的组织者和领导机构。乡镇基层政府组织是国家乡村振兴战略的执行者,是村民的父母官,他们直接领导农村工作,对农业农村有深厚的了解,对村庄村民有深情厚谊,农民对他们也非常信任。因为他们是最接近村庄的政府部门,农民有事首先找的就是他们。在脱贫攻坚阶段,是乡镇基层组织将各种优惠政策和各种福利亲自送到村民的家中,村民从心里感谢他们、接受他们、信赖他们。乡镇基层组织出面做村庄整合与人口集聚的领导者、组织者,有号召力、领导力,社会交易成本低,社会工作效率高,是成功实施村庄整合与人口集聚的组织保障。村庄是村民集中居住地,绝大多数居民是农民,文化水平有限,视野有限,理论水平不高,缺乏领导能力,很难胜任组织领导工作,因此,乡镇基层组织作为村庄整合与人口集聚领导者、指挥者和策划者是最为合适的人选。

村委会党支部书记、村委会主任和村干部是村庄整合与人口集聚的带头人。种地不同于工厂车间劳动,是直接接触自然界的分散式的劳动。它不像工厂车间那样人与人之间距离那么近,对接合作要求那么严密。特别是实行包产到户劳动方式之后,户与户之间的联系、户与村组之间的联系少了,由此养成了自由、涣散、组织性不强的习惯。组织村民、号召村民、将上级的政策措施通知村民,带领村民执行上级的安排,村干部是最佳人选。

村庄村民,是村庄整合与人口集聚的主要力量。村庄是村民的居住点,居住是村民自己的事情。进行村庄整合与人口集聚是为了改善村民的生产生活条件,如果村民不愿意、不高兴、不参与,这种村庄整合与人口集聚就没有任何意义,村民不配合也实施不了。自己的事情自己办,事情才能办好,办出效果。合地承包、并地流转、变换居所、腾出住宅、让出空间扩大公共地面积等一系列行动都需要村民的积极参与和鼎力配合。除了机器,村民是村庄物质因素整合的主要动力。村民是村庄整合与人口集聚建设第一人,是村庄整合与人口集聚的精神力量和劳动主力。村庄资产的所有者和使用者是村庄村民,村庄整合与人口集聚实质是村庄资产的再分配,这种再分配更多情况是帕累托改进而不是帕累托最优,虽然受益者众多,但必然会伤及极少一部分村民的利益。如果村民不能从大局出发,没有舍小家为大家的奉献精神,一两个村民的不配合可能让一个伟大的事业付诸东流。从这个意义上说,村民不但是村庄整合与人口集聚劳动主力的提供者而且是精神力量的提供者。

选调生,是村庄建设的重要力量。近些年国家和各级政府出台政策,鼓励大学毕业生以选调生的身份进入村庄。选调生总体数量较少,一般从应届毕业生中选拔,对于大学期间是学生干部、党员的会优先考虑。各地对选调生的要求都比较严格,能够入选的学生都十分优秀,是经济和社会发展的建设人才。选调生到村庄后,多任代理村长、村支部书记等职。很多人虽然出生在农村,但是仍然缺少农村工作经验。不过选调生年富力强、精力充沛、知识丰富、工作热情高,经过几年的锻炼,对农村和农业发展会有更多切身体会。他们的理论水平、年龄优势与他们的创造力叠加,是乡村振兴的重要人才支撑。他们中大多数是公务员身份,工作要服从基层组织部门的安排,能够长期留在村庄的人不是很多。选调生是建设村庄的重要力量,能够胜任村庄整合与人口集聚的组织工作、领导工作和建设工作,但他们人数有限,不是主力。

走出村庄的创业者和学生,是村庄整合与人口集聚的资本供给力量和智慧力量。1978年恢复高考制度之后,大量的农村青年通过考学离开农村,毕业以后很少有回到村庄建设农村,基本都留在了大中城市和小城镇。现在有相当数量的从村庄走出去的学生,准备回到农村。这些人不仅仅是青年学生,更多的是事业有成的中年人或者退休且身体健康的劳动者。他们出身于农民家庭,习惯于农村的生活,大器有成之后开始饮水思源,感恩故土,回报家乡。他们厌烦了城市的喧嚣,思恋村庄的恬静。他们厌倦了城市交通的拥堵,想念依山傍水村庄的辽阔。他们憎恶城市超标的 $PM_{2.5}$,期盼村庄清新的空气。他们厌倦了城市五颜六色的灯光污染,期望村庄夜里的宁静。他们担心城市餐桌上的产品有过多的农药残留,希望自己安排绿色的餐桌产品。以学生身份走出农村的人,父母多在农村,即使跟随孩子进入了城市,但故土难离的乡情会传染给子女不忘故土,受父母的影响,子女也会故土情深。尤其是文化水平高,有资本实力,非常孝敬父母的有识之士,会顺着父母的情思做满足父母心愿的事情——回到农村建设村庄。这些人有智慧、有能力、有资本、有资源。他们建设村庄不是为了经济利益,很多情况下经济利益他们已经不需要了。他们建设村庄,是出于乡情、故土情,是出于为社会做贡献的高度责任感和自我实现人生价值的修养与情怀,回到村庄更多的是公益性的奉献。他们熟悉农村、了解农业、知晓村俗。他们中的相当一部分人在其风华正茂的工作期间就是农业农村政策的制定者、执行者、参谋者,他们最了解乡村振兴战略的实施途径。同时他们还是实现村庄整合与人口集聚重要的资本供给力量。

从村庄走出去的创业者,在城市打拼多年之后,有了资本、技术、知识,当然也经历了人情冷暖,酒足饭饱之后,思乡之情油然而生。他们看到了外面的发展,参与建设了美丽的城市,对比了城乡差别,清晰了村庄的优势和弊端所在。他们返乡创业,针对性强,目的性强,成功的可能性大。他们是实干家,也是村庄整合与人口集聚的资本供给力量和智慧力量。

社会上热爱农村,关心农村,喜欢田园诗般生活的有志之士,也是村庄建设主体的一部分。

第二节　选择社会资本进入村庄

建设村庄,发展村庄,必然需要一定的社会资本。把村庄整合与人口集聚的工作放在国家实施乡村振兴战略的背景下,借助国家战略的推动,可以节约社会资本,统筹规划和有效利用自然资源。但是,进行村庄整合人口集聚工程,仅靠乡村振兴战略计划中的投资是远远不够的。村庄本身资本存量非常有限,动员村民的存量资本进行村庄整合几乎是不可能的。所以,必须吸引社会资本进入村庄参与村庄的建设。吸引社会资本进入村庄,需要找到村庄吸引社会资本的优势。

村庄依山傍水,空气清新,环境优美,绿色环保。有些城市雾霾严重,存在不同程度的环境污染,难以解决的交通拥堵,让人寝食难安的噪声污染,不分昼夜的光辐射侵蚀等。人们会得出结论:生活在优美的村庄,幸福指数很高。几百年来人们向往的世外桃源,如今在高速公路、高速铁路、信息通道畅通无阻的条件下可以变成现实了。村庄优美的自然环境也会吸引更多社会资本建设村庄。

新冠肺炎疫情一定程度上改变了人类的工作方式。网上办公、视频会议、远程交流,不管人在哪、家在哪都不影响工作,居家办公成为世界潮流。居家办公节省了上下班的时间,没有了交通拥堵的痛苦,节省了路费开支,减少了环境污染,增加了思考时间,提高了工作效率。适合于网上办公的单位正在逐步把办公室搬到网上。办公在网上,居住在哪里,在城市还是在乡村,没有本质区别。物流、快递、5G通信的快速发展,坐在村庄的家里可以和坐在城市的家里一样买到世界各地的商品,吃到千里之外的美味佳肴,学到古今中外的文化知识。村庄整合与人口集聚对资本有需求,信息经济时代建设村庄的资本有供给,只要市场规则的制定者让需求和供给联系起来,打破流动壁垒,村庄整合与人口聚集所需要的资本就会流向村庄。

当然,村庄整合与人口集聚虽然需要资本,但不是所有的资本都兼收并蓄、来者不拒,应该有所选择。

在生产生活中,资本经常表现为一定的物,如货币、机器、厂房、原料、商品等,资本的基本属性是获得利润。马克思在《资本论》中指出："如果有 10% 的利润,它就会保证到处被使用;有 20% 的利润,它就活跃起来;有 50% 的利润,它就铤而走险。"①按照马克思的观点,如果资本没有法律、道德等制约,社会将无比混乱。在马克思那里,资本的本质不是物,而是体现在物上的生产关系。资本主义社会的资本体现资本主义生产关系,社会主义社会的资本体现社会主义生产关系。不同社会形态的资本,其行为有不同的表现,但都应该受到法律和道德的约束。

村庄的资源有限,进行村庄整合与人口集聚时,要选择符合要求的资本进入村庄。让绿水青山变成金山银山,前提是要保住绿水青山。没有了绿水青山不可能有金山银山。过度开发、掠夺式开发都不可取,不能走先污染后治理的发展道路。

资本没有颜色,很难区分良莠,从资本本身很难选择哪些资本是村庄整合与人口集聚所需要的。我们可以对资本所有者进行选择,因为资本的行为,实现的是资本所有者的意图。

不同的人使用资本的目的不同。针对村庄资源开发而言,有的资本所有者进行建设性开发,注重长期利益,在可持续发展的前提下开发,不一定收获了开发的最大经济利润,但是实现了较小社会成本和较大社会价值。有的资本所有者可能进行掠夺式开发,过于关注短期利润,不做长期打算,把利润最大化放在首位,可能导致较大的社会成本和较小的社会价值。资本在不同人的手中是被作为不同工具使用的。有人把资本当作赚钱的

---

① 《资本论》第 1 卷,人民出版社 2004 年版,第 871 页。

工具,在赚钱的过程中不一定伤害到其他人的利益,但总是把赚钱放在首位,以是否能够赚钱以及能够赚多少作为是否使用资本的标准,客观上资本在使用过程中可能带来一定的社会价值,但资本使用者并不予以考虑,更不考虑在使用过程中尽可能地放大资本的社会价值,主要考虑的是资本利润的大小和利润率的高低。有的人,特别是已经衣食无忧、达到一定思想境界的人,在使用手中的资本时,主要考虑资本的社会价值,看重资本对社会提供服务的多少,社会利益放在第一位,经济利益放在第二位。

农村的资源有限,包括荒山、林地、牧场、草地、水域、河流、冰山、雪地等资源,都是自然生态环境的必要组成部分,进行有效开发,都可以变为村庄的资本。村庄整合与人口集聚是建立在村庄资源基础上的,在引进社会资本时必须有所选择,选择符合村庄长期发展要求,有利于村庄整体利益最大化的社会资本进入村庄。

选择社会资本进入村庄,要设定选择条件,提高进入门槛。对进入村庄的社会资本,要设定使用条件,使其更好地为村庄的可持续发展服务。

经过改革开放以来多年的飞速发展,中国经济体量不断扩大。符合村庄整合与人口集聚要求的社会资本很多,即使设定了较高的选择条件,符合要求的社会资本依然较多。

2021年8月17日,习近平总书记主持召开了中央财经委员会第十次会议,研究了扎实推进共同富裕等问题。会议指出,要坚持以人民为中心的发展思想,在高质量发展中促进共同富裕,正确处理效率和公平的关系,构建初次分配、再分配、三次分配协调配套的基础性制度安排。① 农村是相对贫困人口比较集中的地区,可以利用第三次分配获得发展资金。在民间自愿的基础上,在道德的影响下,让富裕起来的人们把他们可支配收入的一部分捐赠出来,用作村庄整合与人口集聚的建设资本。

进行村庄整合与人口集聚,在选择社会资本时,要坚持以村民为中心的原则。选择的资本应该能够长期服务村庄,资本利得应该能够继续留在村庄、建设村庄。选择社会资本,还要坚持宁缺毋滥的原则。村庄有些资源是一次性、不可再生资源,如果开发利用不当将不利于村庄的可持续发展。

资本同资源结合是资本发挥作用的基本途径。选择社会资本进入村庄,要放开社会资本与村庄资源结合的种种限制。要给予社会资本和村庄自有资本在开发荒山、林地、牧场、草地、水域、河流、冰山、雪地等资源方面同等待遇,不设置地域、户籍、身份等附加限制条件。在村庄居住和厂房用地等方面给予政策支持。在用水、用电、取暖、车辆存放等方面给予和村庄村民同等待遇。让村庄建设资本的所有者,尽可能地留在村庄。选择进入村庄的社会资本,如果能够扩大村庄的产出、拓宽村庄村民致富的渠道、增加村民收入,就是对村庄有利的资本,这样的社会资本的选择就是有效的。

---

① 《习近平主持召开中央财经委员会第十次会议》,新华社,2021年8月17日。

第三节　吸引人才进入村庄

生产要素是进行社会生产经营活动所需要的各种社会资源,是维系国民经济运行和市场主体生产经营所必须具备的基本因素。在包括劳动、土地、资本、信息、数据、现代科学、技术、管理等众多因素在内的生产要素中,人的因素是最活跃、最关键的因素。村庄整合与人口集聚成败的关键也是人的因素。吸引人才进入村庄,是确保村庄整合与人口集聚成功的重要保障措施。

乡村振兴是继脱贫攻坚战之后农村的又一项伟大工程,它的顺利完工需要数以万计的建设者。针对每个村庄,都要有村庄建设的设计师、工程师和领导者。村庄的建设者很多,是绝对的多数,但设计师、工程师和领导者人数很少,是绝对的少数。"二八定律"告诉我们,在绝大多数情况下,事物的主要结果只取决于一小部分因素。多数,它们只能造成少许的影响;少数,它们造成主要的、重大的影响。设计师、工程师和领导者是村庄整合与人口集聚建设事业中的少数,但是起到决定性的作用。他们是特殊人才。

过去,村庄只是村民的村庄。现在村庄不但是村民的村庄,还是网民的村庄、关心村庄人士的村庄、走出村庄游子的村庄、某种程度上又是国人的村庄。它的建设者不仅只有村民,还有关心村庄的所有人。设计村庄理应是村民的事,但由于现在的现实——人口减少问题严重,村庄里本土的设计者严重缺乏。

不是没有,是很难找到、很难发现、很难培养出来。做好村庄整合与人口集聚事业,首先要发现村庄建设的设计师、工程师和领导者。

　　开展乡村振兴事业,实现村庄整合与人口集聚,是在现代信息经济时代背景下的伟大工程,它的设计师、工程师和领导者应该具有现代社会发展的前瞻思维,具有一定的信息技术知识和对农业现代化、机械化的深刻了解。村庄整合与人口集聚是一个系统工程,不是一个简单的施工过程。多年封闭于村庄里的村民很难胜任村庄整合与人口集聚的设计师、工程师和领导者,尽管有开放网络方便信息的获得,但没有理论视野不适合承担现代社会系统工程的建设任务。村庄村民是村庄整合与人口集聚建设的劳动主力,不是设计主力与工程师、领导者角色。村庄留守人员基本没有成为设计师、工程师和领导者的能力,村庄为数不多的劳动力可以参与村庄设计、领导工作,但很难有效独立完成设计、领导任务。

　　村庄整合与人口集聚的设计师、工程师和领导者,应该是乡镇基层组织领导干部、返乡创业青年、从村庄走出去的事业成功人士以及对村庄事业关心热爱的人。他们有能力在国家和地方政府实施乡村振兴战略背景下,结合本地本村的具体情况,运筹帷幄,设计出符合客观发展规律并且能够经得起历史检验的建设方案。村庄整合与人口集聚是资本工程,更是公益事业。设计师、工程师和领导者必须有社会责任感和事业心,善于把普遍的原理灵活应用到具体的实践之中。

　　理论上讲,村庄整合与人口集聚的设计师、工程师和领导者应该是村庄的村民,因为村民人在村庄,心在村庄,熟悉村庄。但是村庄的设计师、工程师和领导者是特殊人才,不是所有的人都是特殊人才,即使在继续教育的环境中,也不是所有的人或者多数人成为特殊人才。更何况村庄人口减少问题的出现,标志着村庄人才的流失。走出村庄的人,五湖四海、浪迹天涯的经历就是他们成为特殊人才的教育,他们人在外但心在内,实际上他们仍然属于村庄的人。从这个角度上说,从回到村庄的人选择设计师、工程师和领导者,也是从村庄的人中产生的。南街村的王 HB 是从县里上了几年班回到村里的,他是南街村的设计师、工程师和劳动带头人,南街村发展起来以后,他除了担任南街村党支部书记、南街村集体董事长外,还先后在乡里、县里、市里任职。王 HB 既是返乡人员又是在村外工作人员,是特殊人才。

在乡村振兴背景下,进行村庄整合与人口集聚,不但需要特殊人才,还需要相对数量的村庄建设人才。村庄需要引进人才。引进人才就要配套相应的人才引进政策。① 有可能进入村庄的人,往往很了解村庄,但是在村庄里没有资源。这就需要在村庄资源使用方面放开对村庄外人才的限制,让庄外人才和庄里人有同样的承包权利和资格,给予同样的政策优惠。他们在村庄没有住房,要允许他们租住村民的住宅。他们没有土地,要允许他们有条件地参与土地承包经营。他们没有村庄户口,要允许他们在村庄常住。

---

① 杨菊华、张娇娇:《人力资本与流动人口的社会融入》,《人口研究》2016 年第 4 期。

　　村庄的资源是固定的、有限的,但不能据此阻止村庄外建设者的涌入。建设者越多,智慧越多,解决困局的办法就越多,提供的连带就业机会也越多,创造世界的能力也就越强。人才往往拥有一定的知识和技术,知识技术与村庄资源的有机结合能够创造超出我们想象的财富。有限资源在智者手中能够创造更多的财富,在弱者手中是对资源的浪费。引进人才之后,给予与村庄村民同等待遇,就可以留住人才,常住村庄的人才是实际上的村庄人,常住村庄十几年、几十年的人,和土生土长的村庄人在建设村庄方面是没有本质区别的。

　　信息经济时代村庄还具有吸引高素质人才的可能。高素质人才来到村庄可能不是为了建设村庄,只是把办公室搬到村庄,欣赏村庄的自然美丽和简朴的社会文明,可能只是村庄阳光和绿色的消费者,但他们同样是村庄整合与人口集聚所需要的人才。因为他们是文化的象征、知识的象征,是现代科学技术前沿阵地的排头兵,他们的一举一动、一言一行都会溢出村庄建设所需要的文明之光。

　　世界各地的有志之士,只要喜欢我们的村庄,就欢迎他们来到村庄,并且能够留下来,短期的居住也可以。因为不同地区、不同国家的人们带着不同的文化和不同的文明,这些在包容的社会里都是建设村庄所需要的灿烂文化元素。当然,腐朽、糜烂、低俗、落后、迷信等非科学的东西是要坚决抵制的。

　　村庄需要引进设计师、工程师和领导者这样的特殊人才,需要引进关系村庄发展的物质文明建设人才和精神文明建设人才。不同村庄、不同位置的村庄,应该设计不同的人才引进方案,使用不同的人才引进措施。

第四节　村庄发展劳动密集型产业与
资本密集型产业的选择

现代化与信息化时代,机器实现了或者说正在实现对劳动力的大规模替代。无人酒店、无人车间、无人工厂、无人机送货等工业经济时代劳动密集型产业都变成了资本密集型产业,实现了机器对劳动力的替代。无人驾驶、自动柜员机、自动售票机、自动检票机、ETC 过路收费等这些本来就用不了多少劳动力的岗位也逐渐被智能机器取代。那么农业生产是不是也要由原来的劳动密集型产业变为资本密集型产业,实现机器对劳动力的替代呢?

把农产品按照进入餐桌时间的先后可分为初级农产品和深加工农产品两类。初级农产品指从田地里出产的未经过加工或者只经过简单整理的农产品。深加工农产品指初级农产品再经过加工处理的产品。初级农产品和深加工农产品虽然去向主要都是消费者的餐桌,但它们满足的是消费者在不同消费方面的需求。初级农产品的价值在于它的鲜嫩性,深加工农产品的价值在于它的保质性。

初级农产品进入餐桌,时间越短越好,进入餐桌的速度越快越好。尤其是蔬菜、瓜果梨桃等水果、鱼虾蟹等海产品更是如此。越是鲜嫩,营养价值越高。让它们短时间上餐桌,甚至可以不用加防腐剂,既保障初级农产品的天然特质又保障了消费者的健康。目前初级农产品从产地到餐桌要经过很多中间环节，时间很长，成本也高，不符合食品消费质量第一的现代社会发展的要求。在为温饱而奋斗的时代，消费者消费初级农产品比较注重初级农产品的数量；在为更健康而努力的当代，消费者消费初级农产品更注重初级农产品的质量。当代初级农产品的生产和经营，它的利润点不再是销售的初级农产品的数量而是质量，应该由薄利多销转变为高利润率的适量销售。这需要解决生产和经营初级农产品的高利润率和消费者期望餐桌产品价格稳定的矛盾，办法就是要减少中间环节。为了让它们尽快进入餐桌，办法也是尽可能地减少从田地到餐桌的中间环节。

在产品的销售阶段，村庄土地承包企业或者合作社或者个人，通过网上发布产品，整理订单。根据订单，组织村庄劳动力直接打包快递出去。快递包大小不同、距离远近不同、地址遍及天下，无法用约定好的程序进行规模化生产，不方便用大机器批量工作。生产者发布销售信息时，在综合考虑到包装的方便性、邮寄的方便性、消费的方便性和消费的多样性之后，尽可能地让订单标准化，以减少投入过多的劳动时间和误差。订单标准化之后，在称重、打包等环节可以更多地应用机器。处理来自千家万户的订单，在尽可能地依靠机器的基础上，必须投入大量的人工劳动力。和机器相比较，人工劳动力能够具体情况具体分析，遇到特殊情况随机应变、灵活处理，容易满足消费者个性化需求。消费者往往希望初级农产品进入家门就能够直接食用。为此，在整理包装阶段就要做好洁净处理工作。不同形状的初级农产品，比如菠菜、西红柿、大葱等，长短不一、粗细不同、藏污物位置不同,很难用程序化的机器来完成清洗等任务,这个阶段要让人工劳动力承担更多的工作。为了减少工作量,可以将村庄和某个城市的一个或几个社区对接,农产品经过包装之后,从村庄直接发到社区。初级农产品生产个人、企业或者村庄比较小的集体,可以直接针对个人消费者和某个城市一个或几个小区的消费者。如果企业规模很大,或者村庄合作社等形式的集体经济规模很大,可以针对城市社区超市、城市里的大超市销售产品,但是中间环节多了。在初级农产品的销售阶段,既有利于消费者又有利于生产者的办法是让初级农产品在销售阶段成为劳动密集型产品。

初级农产品的生产阶段,在机械化、现代化背景下,应该是资本密集型的产业,实行机器对人的替代。比如大面积稻谷的种植和收割、大面积玉米的种植和收获、把粮食产物进行去皮等初步加工处理等,进行机械化大生产,生产效率高,生产成本低。当然,在初级农产品生产的某些环节上,也应该是劳动密集型的。比如高端蔬菜的非农药无害栽培,在对付蔬菜害虫问题上,机器也很难替代人的劳动。非农药的方法之一是用火烤死害虫,不能大面积盲目地烧烤,只能有目标、有方向、有针对性地烧烤。烤的面积大了伤害蔬菜,不能准确靠近害虫也起不到消灭害虫的作用。害虫是有反应的,会躲藏,移动比较敏捷,这时人工劳动力的优势依然存在。

初级农产品的简单加工,比如把黄豆做成豆腐脑、豆腐,把生玉米煮成熟玉米,把荞面压成饸饹,也应该是劳动密集型的产业。这些虽然可以用机器进行大规模生产,但不能保障它们新鲜可口的特质,如果利用防腐剂就不是绿色食品了。

农产品深加工应该成为资本密集型产业。农产品深加工可以利用程序化的方式生产,可以建设成无人工厂、无人车间。利用电脑控制温度、调节压力等方式使其更精确。虽然前期投入较大,但后期收入更高。

村庄产业,既要发展劳动密集型产业,又要发展资本密集型产业。劳动密集型产业的劳动者,可以是村庄本村的村民,也可以是村外人士。村庄只要放开对他们的居住限制就足够了,他们对村庄的要求就是一处居所。发展资本密集型产业,需要村庄为企业提供生产车间,晾晒场地,储备粮食的仓库等。需要一定的地面空间,比较好的办法是把村庄整合过程中腾出来的村庄租给他们,既可实现空地更高效率的利用,又保持了村庄的肃静。因为资本密集型的深加工企业毕竟是大机器生产,噪音不可避免,远离居民区是居民安宁休息和健康的保障。

第五节　建设村庄劳动体验场地

乡村旅游在传统的欣赏村庄山、水、田、林、湖、草、沙、冰、雪观光旅游的基础上,派生出了采摘园、民俗体验等多种形式。这些种类的旅游,都是建立在村庄特色资源基础上的。由于不是所有的村庄都有特色资源,因此并非所有村庄都能够发展旅游业。如果建设劳动体验场地,把劳动体验也变为旅游资源,那么每个村庄,尤其是经过村庄整合与人口聚集后的聚点村庄,都可以进行这样的尝试。

人类生产生活所需要的产品,都是通过劳动者的劳动获得的。劳动是人类生存的基础,是世代繁衍的保障。在劳动产品没有剩余的年代,人们除了为生命延续整日奔波以外没有时间和精力消费别人的服务。生产力水平提高以后,劳动产品有了剩余,一部分人从直接的体力劳动中解放出来,成为脑力劳动者,通过提供管理和服务获得直接劳动者生产出来的生活资料。即通过提供组织、协调、设计等无形劳动获得有形劳动生产的生活资料。

随着生产力水平的不断提高,特别是人工智能的不断发展,机器不断替代人的劳动,让劳动力不断地从生产中解放出来,不但从直接的体力劳动中解放出来,而且一定程度地从脑力劳动中解放出来。机械化生产的优势是它的规模化、程序化、标准化。随着生产技术的不断提高,生产产品的速度越来越快,当生产产品的速度大于人类消费产品的速度时,必然出现产品过剩。人类社会消费产品的速度小于机器生产产品的速度是必然的。因为每个人消费产品的速度有限,新增人口的速度有限,而机械化生产规模的扩张很快,产出和消费存在速度差,结果是产品过剩。产品过剩是机械化大生产的结果,是科学技术发展的结果。当今世界很多产品已经处于供大于求的阶段。尽管当一些产品处于供大于求的阶段时,人类会创造出它的替代品,功能更强大,技术更先进,性价比更高。不过新的替代品的大规模生产也迟早会成为供大于求的过剩产品。相对于人类的消费速度,产品的产出速度要快得多,产品过剩是难以避免的。这说明人的直接劳动时间可以减少,劳动的需求量可以减少。于是,劳动主要是体力劳动就具有了稀缺性。体力劳动与脑力劳动的一个不同之处是,体力劳动有锻炼人肌体的作用。短时间的体力劳动,尤其是短时间的劳动体验,会是人们愿意参与的休闲活动。

过去农村的劳动几乎全部为体力劳动,而且劳动比较累,"面朝黄土背朝天""粒粒皆辛苦"都是用来描绘劳动艰辛的。现在情况不同了,农业机械化、现代化工具的大规模使用,农业劳动强度大大降低,劳动难度也降低了,劳动时间也在缩短。经过脱贫攻坚战役之后,村庄的脏乱差情况得到根治,田间的劳动环境大为改观。随着近年来旅游农业、观光农业、采摘农业的不断发展壮大,村庄被越来越多的人作为旅游目的地。

每个消费者,都关注两件事,一是绿色食品,二是健康运动。在所有的消费者中,两类人最需要这两样东西。一类是儿童,他们最需要的是绿色食品。绿色食品有利于儿童良好发育、健康成长。另一类是老年人,特别是刚刚退休的职工,他们最需要健康运动。在我国现有的养老保障体制下,老年人尤其是城镇刚刚退休的职工,他们衣食无忧,身体很好,需要健康运动维持身体的良好状况。中青年消费者,因为关心孩子和老人而关注绿色食品和健康运动,可以说,所有的消费者都关注绿色食品和健康运动,老年人和儿童是迫切的需求者。

村庄产品几乎都是绿色食品,健康运动可以在村庄低成本获得。

村庄劳动体验是理想的健康运动方式之一。健康的方式很多,各种运动、娱乐比比皆是。但不同种类的活动适合不同的人群。唱歌、舞蹈等比较适合少年和儿童。篮球、羽毛球、乒乓球、足球、单杠、双杠、击剑、摔跤、举重、速跑等力量型、激烈型的运动比较适合青年人。游泳、骑行、爬山、跑步等比较适合中年人。太极拳、漫步、戏剧唱腔、麻将等比较适合老年人。但所有这些活动都是为了健康而活动,不管是免费的还是收费的活动,目的只有一个,就是为了健康而运动。村庄劳动体验则有所不同。首先,村庄劳动体验适合任何年龄段的人。不论老人还是儿童,在农村都有他们的劳动空间,都有适合他们的劳动对象。乡村有若干劳动选项,适合各个年龄段的人,比如摘柿子、摘苹果。其次,村庄劳动体验除了达到锻炼身体的目的外,还可以同时实现其他目的。劳动田里植物不断地进行着光合作用,劳动场地就是氧气制造厂,达到了疗养的目的。劳动的对象常常是餐桌上的食品,知道了它的生产过程,就知道了以它为原料烹饪食物的方法以及保存、清洗等方法,达到了科学食用的目的。以劳动兑换劳动产品,可以获得折扣价格。儿童、青少年学生参加乡村劳动体验,还可以学到自然科学知识。村庄劳动体验是不同于只为锻炼身体而进行的运动,益处很多。

要达到健康运动的效果,就要建设劳动体验场地。要进一步地改善劳动环境,至少要把规划出来用作村庄劳动体验的场地进行改造。要按照发展观光农业的要求,把村庄劳动体验场地建设成为符合健康运动需要的场所。劳动体验场地要干净、卫生;劳动工具要安全、方便;劳动时间要灵活、多样;要有多种选项,让劳动者根据自己的情况自由选择。根据需求大小、劳动和劳动产品的多少灵活定价。劳动可以是免费的,只为劳动者提供锻炼机会;也可以是付费的,根据劳动者提供劳动的数量和质量给予适当的货币支付或者产品兑换。以劳动者的劳动成果——生产的产品的一部分或者全部作为劳动的报酬，或者将劳动产品打折后卖给劳动体验者，实现产品价值和劳动者劳动的大致平等交换。

进行村庄劳动体验的消费者在劳动体验之余还要食宿和观光旅游。村庄特别是旅游资源比较丰富的村庄，要有卫生条件比较好的招待所或者民宿。食堂或者饭店卫生一定要达到卫生部门要求的标准，饭菜以当地的特色为主，保障质量、物美价廉。住宿要安全卫生，房间要宽敞。如今房车旅游、自驾游很普遍，旅游者往往自带行李、用品等，以及购买较多当地特产，这些东西的摆放都需要空间和适宜的环境。

劳动体验安全、人身安全、财物安全等是外出人员非常关心的问题。提供劳动体验，要把安全放在重要位置，保证零事故。村庄要有安保措施，形成遵纪守法的风尚。不论是熟人还是陌生人，不论是亲戚朋友还是路人，都平等对待，一视同仁。网络时代，没有哪个地方不被发现，没有哪个地方发生非法事件不被人知。在村庄必须严格按照法律和道德的要求规范行事。

提供村庄劳动体验的村庄，要根据市场的变化不断改善劳动环境。村庄劳动体验的消费者，可能是同一批人，最好让他们每年来到劳动现场都有不同的感受。留住老客户，就更容易吸引新客户。消费者口中的评价，是最好的广告宣传。

村庄劳动体验，是乡村旅游、观光农业、民俗体验等乡村深度旅游的一个延伸，相当于在原有乡村旅游资源的基础上，又加上了一项内容。

对于没有乡村旅游业务的聚点村庄,也可以建设村庄劳动体验场地,先进行小范围的试验,把消费对象确定在从村庄走出去特别是通过考学离开村庄的人,他们每个人都组成一个家庭,每个家庭都有若干亲戚朋友。只要村庄劳动体验办得好,通过口口相传,前来体验的人就会多起来,村庄劳动体验的规模会不断扩大。

随着经济发展,生产力水平不断提高,人们的收入水平越来越高,有时间消费闲暇的人越来越多。不只是儿童和老年人时间宽裕,青年人的时间也逐渐多起来。2021 年 7 月,中共中央办公厅、国务院办公厅印发了《关于进一步减轻义务教育阶段学生作业负担和校外培训负担的意见》,规定校外培训机构不得占用国家法定节假日、休息日及寒暑假期组织学科类培训。[①]周六日和节假日旅游人群中的中小学生人数会增多。新冠肺炎疫情的暴发告诫人们,健康的身体非常重要。城镇家庭汽车基本普及,自驾游规模逐年加大。种种迹象表明,村庄劳动体验有相当大的潜在市场。

村庄建设劳动体验场地,不仅仅是经济收入问题,更重要的是村庄对外开放问题。来村庄进行劳动体验的人,来自四面八方、各行各业。他们的信息、知识、观点、主张包括批评等都是村庄发展所需要的,是村庄整合与人口聚集所必需的。

---

① 《关于进一步减轻义务教育阶段学生作业负担和校外培训负担的意见》,新华社,2021 年 7 月 24 日。

第六节　村庄硬件建设与维护措施

村庄硬件是村庄基础设施的主要部件,是村庄的第一门面,村庄能否对建设人才和资本产生吸引力,村庄硬件是一项重要指标。乡村振兴战略的实施,村庄整合与人口集聚工程的开展,使村庄硬件逐步完善。保护好村庄硬件,维护好村庄的硬件环境,就提高了村庄进一步发展的能力。

在脱贫攻坚阶段,各地村庄都实现了路面硬化,家家户户水泥路或是油漆路通到家门口,修路建桥主要是政府投资①。同时相当数量村庄脱贫也是建立在政府大量资金投入基础上的,地方政府财政收入一定,因此有些地区县级政府财政赤字严重。政府将村庄路面硬化之后,后续保养维护工作投入就少了,村内道路维护和保养费用只能村庄自己解决。村庄与村庄之间的道路,被政府部门划分为乡道、省道、国道等不同类型,由交通部门的相应机构分别治理,村村通的路基本有保障。村庄内部的道路,如果村庄集体有收入,可以用这部分收入来解决内部道路的维护问题。如果村庄集体的收入不够支付村庄里面路的维护和保养费用,或者村庄没有财政收入,可以通过各家各户集资的办法解决路的维护问题。

村庄的另一项硬件是饮水问题。脱贫攻坚战时期,村庄家

---

① 廖彩荣、陈美球:《乡村振兴战略的理论逻辑、科学内涵与实现路径》,《农林经济管理学报》2017年第6期。

家户户基本都安上了自来水。山区丘陵地区自来水来自地下水,通过高压泵送到位置较高的水塔里。平原地区和沿海地区,自来水塔往往放在高楼上或者单独架起的设备上。高处水凭借重力的作用将水送进家家户户。自来水塔和自来水管道需要定期维护。有些村庄,政府修好自来水后,自来水水塔和管道许多年不进行维护,只是顺其自然地使用。任何工程都不是万年牢,出现问题影响居民生活安全。自来水也需要定期消毒,尤其是人畜共饮同一水源的村庄,更需要做好消毒工作。

村庄饮水问题是个大问题。常言道民以食为天,这里食指食物和水。村庄食物通过自产和外购来解决,有保障。村庄的饮水用水问题主要依靠村庄自己解决。饮用水出了问题,属于民生大事,属于基础设施落后,村庄对资本、人才等的吸引力将大打折扣。自来水塔和自来水管道以及自来水水质保障等工作应该有专门的负责人或者负责机构。靠近城镇的村庄可以将自来水管道接入城镇供水系统,村庄定期缴纳水费。自来水自成体系的村庄,村委会要负责管理,指派专人负责维护。发生的费用可以通过收取水费等方法解决。

村庄每家每户要安装水表,既方便收取费用,又有利于节约用水。脱贫时期建立自来水系统,相当多的村庄没有安装水表,费用按照家庭人口收取,收缴费用时很多人有意见。即使是人数相等的家庭,平均每人的用水量也不一样。有家禽和没有家禽的家庭用水量不一样。家禽数量不同的家庭用水量也不一样。安装自来水水表之后,这些问题和矛盾就自然化解了。较大的村庄可以组建自来水管理工程组,负责与自来水相关的所有服务。自来水管理工程组要在村委会领导之下工作,并接受全体村民的监督检查。

村庄民生关切还有用电问题。电在村庄主要用于照明、做饭、取暖等生活方面和作为能源用于机器动力、手机电源等。电是生活和生产中不可缺少的资源。经过脱贫攻坚战之后,全国所有的村庄都通了电,电的供给也基本保障全年不停电。因为由国家和地方电业部门专门负责管理,即使电力供给临时出现问题,也很快能够恢复正常。过去有过电力供给不足临时停电的时候,经过能源部门的努力,现在这些问题基本不存在了。但仍有些电的问题还是困扰村庄:一是电线布局不合理。户外线琳琅满目,户内线路乱七八糟。脱贫攻坚战时期,在电路的完善方面,农电方面技术人员严重不足,雇用了一些非专业人员安装线路,电路通了,灯亮了,但埋下若干隐患。比如开关应该安装在火线上,结果安装在零线上了,断开开关灯关了,但灯依然有电,荧光灯丝仍然发射电子,像一些节能类的灯昼夜连续发出微弱的光。这种弱光,白天看不见,夜晚能看清。负责安装的人对此现象解释不了,只能放任不管。二是村民私拉乱接现象严重。电业部门为了降低成本,安排一个电工负责很多村庄的电力维护工作,面对家庭五花八门的用电,一个人的确忙不过来。索性村民自己动手,不管合不合规则,怎么方便怎么拉线,安全隐患不断。

村庄用电不是小问题,安全隐患不排除,迟早会酿成大祸。在用电量小的情况下,威胁不大,但村庄同时开动类似加工厂、加工车间等大的用电设施时,问题就严重了。在用电方面没有安全感,作为招商引资的一个硬件环境因素就丢分了。

有些村庄的用电问题属于历史问题,有些属于电的使用过程中出现的问题,遗留问题和新问题层出不穷。电力管理部门人员有限,村委会要协助电力管理部门,担当起监督管理与协调村庄用户和电力管理部门的工作,防止新问题产生,逐步解决历史遗留问题。在进行村庄整合时,村庄可以安排专人同电力部门的技术人员一同工作,以便对村庄电路心中有数,有利于将来的安全用电。有条件的村庄可以指派专人经常监督检查电路,发现问题及时向电力管理部门报告。

冬季取暖问题也是村庄特别是北方村庄硬件环境的重要内容。取暖虽然是各家各户自己的事,但取暖方式的选择是群体的事,是村庄的事。靠近城镇的村庄可以将自己的取暖系统嫁接在城镇取暖系统上,远离城镇的村庄就得自力更生解决。

目前大部分村庄是家庭自己安装土暖气,利用煤炭作为热源。在减少二氧化碳排放的限制下,毗邻城镇的村庄实现了煤改气,但锅炉基本是一家一个,独立供暖。各家各户分别独立锅炉供暖的村庄取暖模式,各家冷热不一样,浪费资源,以煤炭做能源还污染环境。村庄整合时,应该考虑集中供暖。当村庄以楼房或小高层为主要居住方式时,这个问题在楼房建造的过程中就解决了。如果在原来住宅基础上进行改造,应该组建供热公司,集中解决供暖问题。这样不但净化环境,节约资源,还省去了家家户户都要进行的生锅炉的重复劳动。供热公司由村委会组建,接受村委会管理,在村民的监督之下工作,报酬从用户使用费用中提取。如果村庄里或者村庄附近有加工企业,可以和加工企业合作,利用他们的废水废气取暖。

　　村庄做饭的热源主要是煤气和电力,沼气和太阳能使用得很少。电力的使用很方便,但有些需要煎炒烹炸等操作才能做出可口的饭菜,电力热源显得无能为力,必须由煤气来实现这些功能。煤气罐进入了大部分村庄,但边远村庄使用煤气罐还是有困难。政府相关部门要支持和鼓励煤气公司,将煤气门市尽可能地设在离村庄聚点近的地方,以便周围的村庄都可以利用煤气公司的气源。有条件的村庄,比较大的村庄,可以考虑建设煤气管道,根除频繁更换煤气的麻烦。

第七章　村庄整合与人口集聚的支持政策

　　实施村庄整合与人口集聚工程,除了建设主体制定一系列的具体建设措施外,国家和地方政府还需要给予一定的政策支持。发展村庄快递业务、发展村庄教育卫生事业、加强村庄精神文明建设等是实施村庄整合与人口集聚工程中的重要事项,关系村民的切身利益,直接影响工程的成败。但是村民、村委会等村庄建设者无能为力,他们是政策的建议者、接受者、执行者,但不是政策的制定者。这些政策有全国性的,也有地方性的,国家和地方政府有关部门应该根据村民们的诉求和客观情况的变化,适时给予村庄发展所需要的支持政策。

第一节　发展村庄快递业务

　　村庄可持续发展的条件是村庄的产出能够支撑村民的消费,村庄产出的增加值大于等于村庄消费增长的增加额。如果要求村庄越来越富有,在其他条件不变的情况下,需要满足村庄产出的增长速度大于村庄消费的增长速度。村庄的产品包括村庄土地资源生产出来的产品,以及土地产出经过加工处理的产品。村庄的产出收益是村庄产品通过市场出售获得的报酬。收益等于产品产量与价格的乘积。显然,村庄产出的收益多少不但与村庄产品的数量有关,还与市场销售价格有关。

多少年来,受运输成本等因素限制,农产品销售总是受到地域范围的制约,粮食大多是当地销售。加上国家收储粮政策,粮食价格虽然也有增长,但增长缓慢,若干年粮食价格增长幅度小于 CPI 增加的幅度,农村种粮的收益率很低。把粮食进行深加工,加工成为餐桌上可以直接食用的粮食产品,附加值增加,利润更为可观。成为餐桌上的最终产品之后,可以直接从村庄快递到城市,节约了中间环节,降低了最终产品的价格,有利于消费者,也有利于村民。缩短了从田间到餐桌的时间,不但节约了社会成本,还保证了农产品的鲜嫩特质,保护了营养价值。农村生产的特征是季节性,在一个收获季节之后,村民会有很多闲暇时间,可以用来做农产品深加工各个环节的工作。其实除了蔬菜、大棚等劳动密集型产业,从事其他种类种植的农民平日的劳动时间不是很多,只是季节性的紧张而已。村庄的村民完全有时间作为深加工企业的劳动力,村民从事把产品发往全国各地或者全世界各地餐桌的工作,还可以获得种地之外的额外收入。

过去农产品到消费者餐桌之后,经过层层加码,价格很高,大部分利润没有留在农村,而是被截留在中间环节。如果村庄快递业务同步发展,减少中间环节,被截留的利润就可以返归村庄。目前,制约村庄快递业同步农村产品发展的因素有两个,一个是邮递成本,另一个是邮递道路。村庄比较分散,供给产品不集中,直接到餐桌的产品每包的规模很小,包装费用占产品成本很大比例。整个包裹快递到消费者手中时,运输费用经常高过产品价格,这就严重影响了消费者购买的积极性。现在农村虽然实现了村村通路,但维护、保养、修缮等后续工作没有跟上,农村道路管理往往缺失,超载行驶的情况时有发生。道路磨损、雨水侵蚀、洪水冲击等严重影响了道路的畅通。以上两大因素严重制约了村庄快递业务的发展。

理论上讲,村庄快递问题的解决应该是市场行为。但现实的情况是,村庄的快递是无利可图的,是市场失灵的领域。解决市场失灵问题,只能依靠看得见的手的力量,即政府的力量来解决。

中国邮政是央企,是国有企业,它可以承担这个任务。在计划经济时代,中国邮政的信箱在中国每个村庄都有,不论村庄多么偏僻,都有中国邮政的触角。当电子信件、微信取代了纸质信件成为信息交流的主要形式后,农村的邮政业务就剩下物品的寄送了。各种快递业务不断挤占中国邮政的市场,特别是邮政主要利润来源的城市市场。中国邮政的市场被大量挤占后,中国邮政由原来的利润丰厚、工资诱人、令人羡慕的行业沦为下行行业。中国邮政毕竟是国有企业,经过艰难度日,有国家的支持,它还是一直坚守阵地。挑起建立村庄快递业务这副重担,就是中国邮政重放光芒的开始。

从事村庄快递业务,在业务量很小的时候,是赔本的,当市场培育起来之后,才有利润,而且是丰厚的利润。信息经济时代,村庄的快递市场符合长尾理论。

二八定律告诉我们,很多情况下,一种选择由关键的少数决定。当我们做一件事情的时候,前百分之八十的时间只完成整个工作的百分之二十,后百分之二十的时间则完成整个工作的百分之八十。社会上百分之二十的富人占有百分之八十的财富等很多存在都是二八定律的表现。工业经济时代,几乎在每一种产品的销售统计表里,都会发现,重要的前百分之二十的客户或者说是大客户、主要的客户,消费了产品的百分之八十,后百分之八十的客户,主要是小客户,仅消费了产品的百分之二十。而开发前百分之二十客户的投入比开发后百分之八十客户的投入又小得多。所以,工业经济时代,企业只要抓住前百分之二十的客户,就达到销售产品的目的了,经常忽略后百分之八十的客户需求。

二八定律成立的前提是边际收益递减规律和边际成本递增,在企业生产销售产品时,当生产的产品到达一定的数量后,再多生产一单位产品,其生产增加的成本大于前面生产的产品的平均成本,而销售增加生产出来的这一单位产品所获得的收入却小于前面产品获得的平均收入。在工业经济时代以及工业经济时代以前的确是这样,但在信息经济时代情况发生了变化。通过互联网这个平台,当再增加一个产品的消费时,不增加市场开拓成本,只花费和前面销售同样产品所需的成本,并且在程序化的情况下,还可推动整体销售的平均成本下降,总利润则是增加了。如果把后百分之八十的市场需求都开发出来,获得利润之和同从前面百分之二十客户那里获得的利润相当或者更多,这就是长尾理论所主张的。

长尾理论认为,发挥好后百分之八十的作用,将获得更多的利润,只要利用这百分之八十的市场时,增加的成本不是很多。进入信息经济时代,长尾理论所需要的条件得到满足,长尾理论将发挥巨大作用。

村庄市场现在的规模比较大,即使在人口减少问题严重的情况下,毕竟还有一些人口在村庄,而且他们是特定产品的提供者和一些特定产品的消费者。他们提供的产品主要是餐桌产品,鲜嫩是其突出特点。他们的消费集中在餐桌产品和其他生产生活用品方面,比较容易实现快递。进行村庄快递基础设施建设的投入不大,主要投入是保鲜运输车辆和快件运输车辆以及快递点的建设。村庄整合与人口集聚之后,快递点的建设数量和成本都会减少。当然,快递点的建设要为未来的发展留好接口。将来村庄快递肯定要用直升机运货,无人机派送,选址时要考虑未来发展的要求。

中国邮政在全国人民心中有它根深蒂固的信任,这种信任由来已久,哪怕是现在中国邮政在邮寄市场上处于劣势的情况下,人们仍然信任中国邮政,一些重要物质特别是贵重物品和机密物资的邮寄,消费者首先选择的还是中国邮政。正是因为消费者对中国邮政的高度信任,由它做村庄的快递事业有很多优势。中国邮政可以在村庄建立保鲜库,将新鲜农产品打包后先放在保鲜库储存,待形成一定规模之后集中发送。还可以订单销售,在农产品收获之前,提前在网上销售,订单大小可模式化,将农产品体积大小、密度大小设计为几种不同的销售规模,让打包更容易、成本更低。订单销售是一种信用销售,消费者信任中国邮政,由中国邮政组织订单销售,容易获得大量的用户。中国邮政可以通过地区总分邮局,通过网络连接到各个网点,汇总订单数量和目的地,统筹安排,以最佳的配货方式将农产品发往全国各地,同时把从全国各地寄来的包裹在运输车辆返回时运回来。

村庄的快递物流通道建立起来之后,搭上通道的产品会越来越多,效益会越来越好。每个地区的农产品都有它的地域特征,具有垄断性,通道建立起来以后,就是一道壁垒,阻止竞争者进入。也正是村庄快递这种超越市场的又一个特点,正适合中国邮政这样的国企运作。

国家和地方政府各个部门,应该大力支持中国邮政办好村庄快递的工作,争取快件送到中国每个农村,争取把农村产品送到全国乃至全球的消费者手中。

地方政府除了利用中国邮政这个邮递平台以外,也要努力争取现有的京东物流、顺丰快递、申通快递等进入村庄。大规模的村庄不用政府去争取,有利润的地方就有竞争性企业的身影。需要争取的是让快递公司到目前还很难获得利润的村庄去发展快递业务。

当村庄的快递业务畅通无阻,有求必应,和城市一样四通八达之后,村庄的优势就逐渐凸显出来,更多的人才和资本将不断流向农村,聚点村庄的规模会越来越大,村庄向着小镇的方向发展,各种服务向着城市的方向发展,村庄集聚力更大,吸引力更强,村庄可持续发展的动力也会更强。

第二节　发展村庄教育卫生事业

一、发展村庄教育事业

　　教育事业是人特别是少年儿童必须经历的成长旅程,是儿童成长为建设人才必须有的过程。传统教学阶段,无论政府如何给予政策优惠,比如定向招生的分数照顾、到农村学校教学的工资及额外晋升等,可能短时间把毕业生吸引到了农村,但只要时间到了约定的日期,往往是调走,只要有机会就不会留在农村学校。这是因为,在传统教学模式下,农村教育和城镇教育在质量上有很大差别。城镇教师水平高,阅历广。城镇学校教育资源多,图书馆、阅览室、实验室、活动室应有尽有。城镇本身是个大熔炉,不断地提供人成长过程中所需要的一切必要训练和考验。而农村学校教育资源稀缺,教学设施有限,学生、老师数量不多,形不成群体教育效果。图书馆、阅览室、实验室基本没有,课外活动很少,百科知识掌握得更少,这些严重影响了农村孩子的全面发展。虽然学习的课本内容一样,但学习成绩和城镇孩子相比差距很大,站在以分数为依据录取的中高考队列中,农村孩子只能排在后面,进不了名校,选不到好专业,毕业很难找到工作。无奈,农村孩子家长,待孩子到了上学的年龄,想方设法、千方百计地把孩子送到城镇上学。农村人口减少问题导致农村学生少了,教育部门就将学校合并,合并后仍然控制不了学生减少的现象。老师继续调离,在几乎没有学生、没有老师的情况下,教育部门只好关闭一些农村学校。

信息经济时代,通过互联网这个平台,这种状况可以有所改变。初中、高中实体教学时间比较多,内容比较难,理解性、探究性知识比较多,教师引导学生研究问题的作用不可忽视,城镇学校和农村学校在教育教学上的差别还会存在。但在小学和幼儿园阶段,主要是以感知世界为主,在村庄和城镇上学,差别不像原来那么大了。

无论在村庄还是城镇,在家中,通过网络都可以学习各种知识。教育作为中国特色社会主义的公共资源,教育管理部门把全国各地优秀教师的劳动成果免费放在教育部门的网站上,这些资源对城镇孩子和村庄孩子一视同仁。网上图书馆、阅览室、实验室以及网上活动室应有尽有。网上不但有城镇里发生的事情,也有村庄里发生的事情;不但有国内知识还有世界新闻。只要孩子有时间、有兴趣、有能力,成长与发展所需要的精神食粮网上提供得足够了。这就有可能让城镇孩子和村庄的孩子的学习在同一起跑线上。现在,就是城镇学校里的学生,很多知识也是从网上获得的。当下知晓世界的主要渠道是网络。广播和电视也是传播信息和知识的途径,这一途径对村庄孩子和城镇孩子都是同样的。其实,就是同一个城市发生的事情,也主要是从网上得知,一个人一天的时间有限,特别是小学生,不可能四处乱跑,他们亲眼目睹的事少之又少。当今社会小学生学习知识和过去的主要不同之处,是通过网络获得的知识越来越多了。

在利用网络学习知识、提高技能方面,村庄小学生反倒有优势。现在村庄网速和城镇网速差不多,偏远地区的村庄网速可能慢一些,但对小学生学习而言足够了。网上的知识对每个学生来说都是平等的,时间对于每一个人而言都是一样的。在村庄学习,空气清新,环境静谧,有利于思考和记忆,干扰因素少。歌德的哲理是在乡间小道踱步思考的过程中形成的,比尔·盖茨在任期间每年都到夏威夷"与世隔绝"半个月思考公司下一步发展战略。伟大的创想是在仰望天空的宁静中形成的。村庄的夜静悄悄,城市的夜和白天没有多大区别,灯红酒绿,五光十色,噪音缭绕,找不到安宁之处。靠近马路的小区,打开窗户噪声一片,只是城市的学生适应了这种嘈杂而已,它的副作用不是很明显,但不是不存在。城镇孩子想通过网络学习一些知识,比村庄孩子的学习多了噪音干扰,影响记忆效果和理解效果。

过去获取知识的渠道主要是课堂,老师的水平和教学艺术起到决定性的作用,现在获取知识也依赖课堂,但是网络学习的作用已经不能忽视,不可低估。网络学习是城镇学生和村庄学生提高学习能力的必要补充。网上有优秀老师的讲课,比如全国优秀教师的讲座,中央电视台教育节目中老师的讲座,这些教师是全国范围内的优秀教师,城镇学校也很难找到如此优秀的教师,事实上,城镇学校也需要学生跟着这样的网络教师学习,某种程度上,城镇学生和村庄学生是在同一个教室里学习。小学教育的内容比较简单,村庄小学教师的教育水平也完全能够满足小学生的学习需求。从能否胜任小学教育方面比较,村庄学校小学教师水平和城镇学校小学教师水平相当。

村庄学习还有一个优势是劳动体验。劳动,特别是体力劳动,不但锻炼人的肌体,还锻炼人的心智,使人四肢协调,身体健康,思维敏捷,记忆力强。经常劳动的孩子,发现问题、解决问题的能力提高得很快。尤其是在进入到养殖场、种植基地、大棚基地的时候,那里不但有劳动,还有物理、化学、生物等科普知识,相当于进入了天然实验室。以色列人口不到世界人口的0.2%,但诺贝尔奖获得者人数却占全球总获奖人数的20%多,原因之一是他们的开发式教育。他们的小学学校往往和农场建在一起,和养殖场距离很近。孩子们课间或者休息时间,就到农场、养殖场体验劳动,增加实践体验。这种回归自然的教育符合人的天然发展规律。村庄的小学生,放学之后家长或者孩子的监护人经常把孩子领到田间地头,孩子很自然地接受了劳动体验,只是家长或者孩子监护人没有充分利用这种类似于以色列式的教育。

2021年7月,中共中央办公厅、国务院办公厅印发了《关于进一步减轻义务教育阶段学生作业负担和校外培训负担的意见》,要求遵循教育规律,着眼学生身心健康成长,保障学生休息权利,整体提升学校教育教学质量。要求开展丰富多彩的科普、文体、艺术、劳动、阅读、兴趣小组及社团活动。充分利用社会资源,发挥好少年宫、青少年活动中心等校外活动场所在课后服务中的作用。[①] 城市学生可以利用少年宫、青少年活动中心等场地进行课外活动,乡村学生可以利用农场、养殖场等进行生产技能鉴赏和现场劳动体验。劳动体验是技能训练的内容,村庄孩子在这方面有方便条件。根据教育部改革的方向推断,未

---

① 《关于进一步减轻义务教育阶段学生作业负担和校外培训负担的意见》,新华社,2021年7月24日。

来创新型人才的成长,小学在村庄读书可能成长得更快,至少小学在村庄可以有条件模仿以色列式的教育,而城镇很难做到。

村庄整合与人口集聚之后,村庄聚点的规模比较大,有关部门应该尽可能地在每个村庄集聚地都设置小学。社会人士应该多多关心村庄的教育,特别是走出村庄的成功人士,在捐赠办学等方面要多做贡献。

信息经济时代是科技时代,无论什么行业都离不开科学知识和科学技术。现代人,如果不学习,不进步,一些现代化的工具就不会使用。现代人需要终身学习,现在村庄的生产与生活正越来越多地利用现代科技成果。网络购物、网上销售、5G技术、微信、快手、直播等在村庄已经很流行。现代的生产技术和劳动手段以及管理技术在农业中已经得到广泛应用。当代农民,必须是有知识、懂技术的农民。和过去不同,就是只做消费者,没有一定的现代科学知识在村庄也没有立足之地。现阶段很多农民知识水平已经远远不够了,客观上要求农民应该学习一些与农业、农村生产和生活相关的知识。农民本身也有这方面的强烈要求,他们经常感叹这不会用那不会用,非常关心他们的粮食产品和国家经济形势、产业政策等的关系。政府部门应该在相应的地级或县级建设农民大学。农民大学从现有村庄的村民中招生,学期尽可能地避开农忙时节,学期以学习内容的多少灵活机动,学习成绩可以作为承包村庄土地的一项指标。农民大学要针对现阶段农村的现实问题展开研究与教学。来自于第一线的农民,对农业问题体验颇深,与教师相互交流,教学相长,容易解决生产生活中的疑难问题。农民大学的教师可以是多年研究农业农村问题的专家学者,也可以是长期从事农村工作的党政干部,还可以是农民企业家、种田能手、养殖专业户。农民大学要理论结合实际,解决了困扰农村生产生活的现实问题。村民对农民大学的积极性肯定会很高。

二、发展村庄医疗卫生事业

医疗卫生,是现代社会每一个人不能不消费的服务。村庄医疗条件差是青年农民离开村庄的原因之一。村庄消费水平比较低,人口密度同城市相比比较小,医生在村庄出诊的收入有限。脱贫攻坚之前,村庄道路不畅,影响药物的采购。众多因素导致村庄医疗条件比较落后。虽然政府敦促比较大的自然村做到了村村有医生,但医生治疗能力有限,只能诊疗简单的常见疾病,大病看不了。村庄卫生所基本没有必要的病情辅助检查手段,各种化验基本做不了,看病只是凭借病人的叙述和村庄医生简单的诊断,好多病看不准,只能摸着石头过河,试探性下药。有时病况表现相似,时常出现误诊。在脱贫攻坚战中,国家和地方政府投入了一定数量的资金,支持有条件的自然村都建立起了诊所。不具备建立诊所条件的村庄,离有诊所的村庄距离也不太远。诊所通过市场经营,加上国家的鼓励政策和地方财政的货币补助等支持,诊所有了很大的发展,取得了村庄村民一定程度的信任。

村庄两类脆弱的人群——老人和孩子经常需要看医生,这两类人群目前是农村人口的重要组成部分,他们对村庄医疗卫生事业的发展非常期待。中青年人很少看病,但他们的父母和孩子经常看病,因此在进行居住地选择时,医疗卫生条件是重要的因素之一。①

目前村庄医疗市场规模有限,多数村庄的医疗消费支持不了两个以上诊所正常运行所需要的开支,基本是一个村庄一个诊所。诊所基本是私人性质,成员基本是一家人,或者以一家人为主,雇用几个亲戚朋友或者其他人,雇人主要是为了满足开设诊所的政策要求。这样的诊所虽然缺少必要的竞争,但邻村以及相距较近村庄的诊所彼此也构成竞争关系,还有乡镇级卫生院和县城医院对医疗市场的控制,村庄诊所构不成垄断经营,有它的合理性。主要问题是它的发展缺乏潜力。相当多的村庄诊所主力就是一个人,并且是一个年龄比较大的人,假如这个人不能出诊,诊所就瘫痪了。由于它的私人属性,很难容得下第二、第三主医,导致诊所医生青黄不接。也是由于它的私人属性,诊所不注重扩大再生产,有了利润马上存入腰包。这种得过且过的做法使得诊所虽然运行多年,但人员和设备基本没有变化。

发展村庄医疗卫生事业,要以村庄诊所为基础,扩大规模。增加设备,增添医生护士。可以不改变目前私人诊所的性质但要引入竞争机制,引进青年人,形成合理的老中青年龄结构。在条件成熟的村庄,要发展股份制形式的诊所,由股份制诊所替代私人诊所。原来,地方政府也强制性地将一个村庄的两个或几个村庄医生拉进一个诊所,运行多年以后,结果又回到了私人诊

① 李兴刚、马津:《新小镇、新希望——西柏坡华润希望小镇(一期)设计感悟》,《城市建筑》2013年第1期。

所的起点。人与人意见分歧、利益纷争等导致合作停止。建立股份制诊所,有控股人、有股东,形成既有民主又有集中,既有分散思考又有统一行动机制,有利于村庄诊所实现可持续发展。

村庄诊所的另一种可持续发展模式是世代相传,老医生把诊疗技术和诊所设施交给儿子。这种诊所世袭的方式已经存在很长时间,有它的合理性。至少能够可持续发展,儿子从小接受父母的耳濡目染,继承并发展父业是有可能的。可以当作股份制改造的补充,当然最可行的方案还是股份制改造。

村庄的教育和医疗卫生事业是公共事业,应该是国家的福利工程,国家和地方政府每年都有专项建设资金,但面对巨大的市场需求,政府的投入仍显不足。在财政收入允许的条件下,应该加大村庄这方面的投资,特别是在村庄整合与人口集聚的同时,把这些公共设施建设好。地方政府应该更多、更有效地利用三次分配发展村庄的教育事业和医疗卫生事业。

第三节　加强村庄精神文明建设

"生产发展、生活宽裕、乡风文明、村容整洁、管理民主"是社会主义新农村建设的标准。农村建设,不但需要物质文明的建设,而且需要精神文明建设,某种程度上,更不能缺少精神文明建设。这正是改革开放总设计师邓小平"两手抓,两手都要硬"思想的体现。经过脱贫攻坚战的洗礼,农村面貌大为改观,尤其是物质生活方面改变明显。精神生活根植于物质生活,由物质生活水平决定,但常常脱离物质生活独立发展,并且与人的文化水平,人格修养等多种因素有关。

脱贫攻坚的重点是村民的物质脱贫和精神脱贫,物质脱贫短时间可以完成,精神脱贫需要较长时间,并且还有可能反复。脱贫攻坚战后,村民的思想觉悟已经有了明显提高,认识世界、发现世界的能力明显提升。尤其是在组织生产,利用生产工具等方面已经冲破了原来地域的限制,通过微信、快手等掌握了很多外界的信息,对生产生活产生了积极影响。尽管如此,由于脱贫攻坚物质建设的紧迫性和村民在信息汲取方面的选择性,村庄精神文明建设还存在很多不足,有些方面需要进行革命性的变革。

一、村民要树立科学兴农的理念

今日世界科技发展日新月异,科学技术转变为生产力的速度非常快,已经在人类生产生活中的各个环节发挥重要作用。科学技术手段集中体现在现代化生产技术、管理技术、营销手段等方面。农民常常认为科学技术高不可攀,经常敬而远之。这种对科学技术不闻不问的做法只能固守落后。科学技术理论非常高深,但变为生产生活工具时,使用并不难。村民虽然文化水平有限,但依然能较好地使用科学工具,不同工具的使用方法有相同的地方,容易掌握。大胆使用,积极尝试,就能够让科学技术手段在村庄生产生活中发挥应有的作用。另外,村民应该舍得在农业生产工具上花费。科技成果转化为生产力,集中体现在生产工具上,当然这种人类劳动成果是有成本的,但当它应用在生产生活中时,创造的价值,节约的时间,远远超过其自身的价格。生产工具,在劳动人民手中,是实实在在的赚钱资本。

二、村民要端正积极进取的生活态度

按照马斯洛的需要层次递进,从层次结构的底部向上,按照食物和衣服等需要的生理需求,工作保障等安全需求,友谊交往等社交需求,尊重和自我实现的需求层次不断晋升,永无止境,旧的需求满足了,新的需求又产生。正是人的需求的无限性,推动了人类社会的不断发展和进步。如果所有人的需求停止在某个层次就不进步了,那么创新生产和生活的动力就枯竭了。村庄村民,应该在地方政府、国家官方媒体的引导下,放眼未来,旅游、购物,不断改善生产生活环境,提高科技产品消费水平和消费能力,不断提高需求层次和等级。拉动需求,提升自己生活品位。树立远大理想并不断为理想的实现而努力奋斗。人是需要精神力量的,当我们心中有明确的目标时,我们的行动就会有力量、有方向,人的精神面貌就会焕然一新。对美好生活的期望,对高尚品行的希望,对社会主义祖国美好明天的坚定信心,是一股用不完的力量和精神财富。

三、村民要把劳动之"苦"变为劳动之"乐"

大概是起源于旧社会劳动人民被强迫劳动,或者是人力畜力作为农业劳动动力时期,超过劳动者承受能力的超强劳动,使农民包括其他行业的人都产生了劳动苦、劳动累的观点。劳动创造了这个世界,人类社会是从猿猴劳动中进化来的,是从劳动中诞生的。劳动有累的一面、苦的一面,更有发展的一面,成长

的一面。在生产力水平低下,科学技术不发达的年代,人们的温饱问题解决不了,即使整日劳动,也食不果腹。现在不同了,现代化大机器工具的运用,劳动动力不再依靠人力,只需要人操控机器。农民如果控制好时间、控制好节奏,体会到的将主要是劳动的乐趣。接受当代的劳动、热爱当代的劳动、研究当代的劳动,就会不断创新当代的劳动艺术,让时间不断地从田间劳作中解放出来,财富不断地从劳动中创造出来。当劳动者看见自己亲手创造的财富奔涌而来时,劳动之苦、劳动之累就荡然无存了。剩下的体验就是劳动的真谛——劳动锻炼了人,劳动创造了世界,劳动有趣,劳动幸福。村庄村民要带头挖掘出劳动的乐趣,示范给社会上的人,让整个社会形成劳动是人的第一需要的共识,不像现在这样,只是部分实现了自我价值的人才把劳动当成第一需要。到那时,劳动的稀缺性就充分地显现出来,劳动的价值自然而然地升值了,社会上享受劳动的人会越来越多,村庄的价值会随着提升,村庄的发展会随之加快。

四、村庄要进行先进文化建设

文化娱乐活动是人的精神食粮,健康先进的村庄文化,哺育着积极向上的村民;低级庸俗的村庄文化,让村民精神颓废。不同的村庄,有不同的文化取向,虽然在国家的大环境中大同小异,但区别还是很明显的。有的村庄学习风气浓厚,以培养大学生、研究生、博士生为荣,把支持孩子学习,鼓励孩子读书视为家庭的中心工作,村民之间的主要话题是孩子的学习与成长。这是文化村庄的特征,从古到今,中国很多村庄集中出秀才、出状元、出文人的情况很多,就是这种村庄文化传统熏陶的结果。有的村庄经商风气盛行,自古以来频出商业精英。村庄有商业传统,有商业文化,村庄人有商业才能。村里以能赚钱、能置业为人生的最高境界和追求。中国若干历史文化重镇就是村庄文化积累的结果。当我们今天参观游览历史文化名镇、商贾庄园的时候,那种文化信息、商业智慧依然跳动在我们眼前。

今天的村庄,在村庄整合与人口集聚之后,资源各有特色,地方人才破土而出,可以发展各具特点的村庄文化。旅游文化、商贾文化、杂技文化等等,每个村庄都要有它的文化和乐趣。把低级、庸俗、愚昧无知和迷信等不科学的东西摒弃。

五、村庄要率先进行精神财富优先发展的试验

物质决定意识,物质财富和精神财富同水平发展,这是物质世界和精神世界长期发展的规律性表现。但这种同水平发展的实现不是在发展过程始终同步匹配,经常是物质力量率先发展然后推动精神世界同步发展,但也时常出现精神力量率先发展反过来推动物质世界发展的情况。我们国家仍处在社会主义初级阶段,物质财富还不到发达社会主义所要求的水平,但是我们可以以超越物质财富发展水平的速度建设发达的社会主义精神财富。中国革命走以农村包围城市,最后取得城市的道路获得了成功。现在可以在村庄物质财富并不富有的情况下发展发达社会主义所要求的精神财富,中国农村有这个基础和可能。

改革从农村开始但城市率先发展。城市继承了民族文化的精华,并结合世界先进文化的成果,取得了物质财富的快速发

展,推动了民族文化水平的全面提高。村庄物质财富积累相对缓慢,导致了现代精神文明发展相对缓慢。村庄新增物质财富比例较少,凸显了原有优秀文化思想在财富构成中的比例较高。

任何人的生存都需要消费一定的产品和服务,不同的人一生消费的产品和服务数量不同。消费多少产品和服务为好,没有确定的标准,肯定不是越多越好,也不应该是越少越好,要因人而异、因所处环境的不同而变化。根据经济学原理,人对产品和服务消费普遍遵从的规律,是边际消费倾向递减规律,当人们消费产品和服务达到一定程度时,人们的消费意愿会下降,会减少对产品和服务的消费。即人对产品和服务的消费是有上限的。当然边际消费倾向递减的前提是消费的产品和服务达到一定程度时才递减,在没有达到这个程度时,边际消费倾向是递增的。但当消费环境发生变化时,边际消费倾向不是理论上的递减,而是递增。这种螺旋式上升会导致人们对产品和服务的消费规模不断扩张,它的适度扩张有利于扩大总需求,但对产品和服务消费的无限扩张应该加以控制。村庄村民身处天然物资的包围之中,某种意义上相当于消费了数量较多与生产和生活相关的产品,对其他产品的消费欲望不会无限膨胀。

理论上,市场经济是以货币为交换媒介的经济,没有交换媒介,实现不了商品交换。但我国是社会主义市场经济,很多情况下,不用货币作为交换的媒介也可以实现交换。这是货币之外的意识形态在起作用。这种情况在村庄出现得比较多。在同一个村庄里,人们相互熟悉,像一个大家庭,互相帮助,相互提供无偿劳动的情况很多。各家各户产品各不相同,调剂余缺,无偿使用的情况比较普遍。这种仅依赖情谊来完成产品和服务交换的做法，是货币比较缺少的村庄的传统。让这种非货币的交换规范起来，形成村庄风气，就淡化了村民对货币的渴望。

村庄可以进行精神财富优先发展的试验。鼓励村民发扬集体主义精神，团结友爱、互相关心、互相帮助。能用非货币手段进行产品交换交易时，尽可能地使用非货币交易手段维系产品交换的顺利进行。可以借鉴南街村的做法，用精神力量统一村民的行为，用社会主义觉悟调动村民的劳动积极性，用为人民服务的雷锋精神维持集体的稳定发展。南街村在起步阶段物质财富是相对匮乏的，它的发展表明，村庄的精神财富可以超前物质财富优先发展，精神力量可以推动物质财富的丰富和发展。这种现象，现在可以在村庄出现。

精神财富跨越式发展，更能体现社会主义新农村的特色和生活环境的优越性。精神财富推动物质财富发展只能是社会发展过程中的阶段性现象，是精神对物质反作用的表现。从长期发展的角度观察，终究还是物质的力量决定精神财富的发展和变化，只是我们可以在能够利用精神反作用的条件下，要抓住时机充分利用。精神文明本身就是一种力量，是一种无形资产。有了这种资产，进行村庄整合与人口集聚的交易成本会大大降低。

参考文献

1.［丹麦］杨·盖尔:《交往与空间》,何人可译,中国建筑工业出版社 2002 年版。

2.［美］罗伯特·芮德菲尔德:《农民社会与文化:人类对文明的一种诠释》,王莹译,中国社会科学出版社 2013 年版。

3.《乡村振兴战略规划(2018—2022 年)》,新华社,2018 年 9 月 26 日。

4.《中国苏区辞典》,江西人民出版社 1998 年版。

5.《中华人民共和国乡村振兴促进法》,新华社,2021 年 4 月 29 日。

6.陈锡文:《实施乡村振兴战略,推进农业农村现代化》,《中国农业大学学报(社会科学版)》2018 年第 1 期。

7.董筱丹:《一个村庄的奋斗:1965—2020》,北京大学出版社 2021 年版。

8.高强:《脱贫攻坚与乡村振兴有机衔接的逻辑关系及政策安排》,《南京农业大学学报(社会科学版)》2019 年第 5 期。

9.纪芳:《农民分化与村庄社会整合》,《华南农业大学学报(社会科学版)》2020 年第 5 期。

10.《中共中央　国务院关于全面推进乡村振兴加快农业农村现代化的意见》,新华社,2021 年 2 月 21 日。

11.《中共中央　国务院关于抓好"三农"领域重点工作确保如期实现全面小康的意见》,新华社,2020 年 2 月 5 日。

12.《关于坚持农业农村优先发展做好"三农"工作的若干意见》,新华社,2019 年 2 月 19 日。

13.《中共中央　国务院关于实施乡村振兴战略的意见》,新华社,2018 年 2 月 4 日。

14.《中共中央　国务院关于深入推进农业供给侧结构性改革　加快培育农业农村发展新动能的若干意见》,新华社,2017 年 2 月 5 日。

15.《中共中央　国务院关于落实发展新理念加快农业现代化　实现全面小康目标的若干意见》,新华社,2016 年 1 月 27 日。

16.《中共中央、国务院印发〈关于全面深化农村改革加快推进农业现代化的若干意见〉》,新华社,2014 年 1 月 19 日。

17.《中共中央　国务院关于加快发展现代农业　进一步增强农村发展活力的若干意见》,新华社,2013 年 1 月 31 日。

18. 孔祥智:《中国农村:从小康到全面小康》,中国人民大学出版社 2021 年版。

19. 李尔博王、包莉丽:《环境治理、人口集聚与产业结构调整》,《中小企业管理与科技(上旬刊)》2021 年第 11 期。

20. 李兴刚、马津:《新小镇、新希望——西柏坡华润希望小镇(一期)设计感悟》,《城市建筑》2013 年第 1 期。

21.《中国统计年鉴 2021》，国家统计局网站。

22. 廖彩荣、陈美球：《乡村振兴战略的理论逻辑、科学内涵与实现路径》，《农林经济管理学报》2017 年第 6 期。

23. 廖军华：《乡村振兴视域的传统村落保护与开发》，《改革》2018 年第 4 期。

24. 刘沛林：《新型城镇化建设中"留住乡愁"的理论与实践探索》，《地理研究》2015 年第 7 期。

25. 刘晓星：《中国传统聚落形态的有机演进途径及其启示》，《城市规划学刊》2007 年第 3 期。

26. 刘彦随：《中国新时代城乡融合与乡村振兴》，《地理学报》2018 年第 4 期。

27. 宋国学：《功能型小城镇建设——中国经济发展之后的城镇化道路》，吉林大学出版社 2014 年版。

28. 孙景淼等：《乡村振兴战略》，浙江人民出版社 2018 年版。

29. 田青：《人类感知和适应气候变化的行为学研究——以吉林省敦化市乡村为例》，中国环境科学出版社 2011 年版。

30. 王会：《个体化闲暇——城镇化进程中苏北泉村的日常生活与时空秩序》，上海社会科学院出版社 2020 年版。

31. 王景新、支晓娟：《中国乡村振兴及其地域空间重构——特色小镇与美丽乡村同建振兴乡村的案例、经验及未来》，《南京农业大学学报（社会科学版）》2018 年第 2 期。

32. 王玉莲：《日本乡村建设经验对我国新农村建设的启示》，《世界农业》2012 年第 6 期。

33. 王竹、钱振澜、贺勇、王静:《乡村人居环境"活化"实践——以浙江安吉景坞村为例》,《建筑学报》2015 年第 9 期。

34. 吴理财、解胜利:《文化治理视角下的乡村文化振兴:价值耦合与体系建构》,《华中农业大学学报(社会科学版)》2019 年第 1 期。

35. 吴良镛:《人居环境科学导论》,中国建筑工业出版社 2001 年版。

36. 许云清、杨紫微、周秀银、张烨、袁钰奇、吕萍、潘莹、唐龙妹:《基于集聚度的河北省乡村卫生资源配置公平性分析》,《河北医药》2021 年第 19 期。

37. 杨菊华、张娇娇:《人力资本与流动人口的社会融入》,《人口研究》2016 年第 4 期。

38. 张晓山:《乡村振兴战略:城乡融合发展中的乡村振兴》,广东经济出版社 2020 年版。

39. 赵之枫:《传统村镇聚落空间解析》,中国建筑工业出版社 2015 年版。

40. 赵之枫:《乡村聚落人地关系的演化及其可持续发展研究》,《北京工业大学学报》2004 年第 9 期。

41. 卓玛草、孔祥利:《农民工收入与社会关系网络——基于关系强度与资源的因果效应分析》,《经济经纬》2016 年第 6 期。

42. 卓鹏妍:《新型城镇化背景下河北坝上地区村庄整合建设选址研究》,《河北建筑工程学院》2020 年第 7 期。

43. 佐赫、孙正林:《外部环境、个人能力与农民工市民化意愿》,《商业研究》2017 年第 9 期。

后　记

驻笔之际,感觉一切刚刚开始。乡村振兴战略——这个计划到 2050 年的世纪工程,正在有序推进。村庄整合与人口集聚——作为乡村振兴战略的一个组成部分,正在起步阶段。作为从村庄走出来的庄里人,我们多么希望不久的将来,村庄像我们在书里描绘的那样——成为现实版的伊甸园:白天,村民们荡漾在清新的空气里,欣赏着绿水青山;轻松愉快地享受着马克思在 100 多年前就定义好的人类第一需要——劳动。夜晚,依偎着璀璨的星空,沉睡在静谧的温馨中。早饭,是村庄生产的无污染食品;午餐,是农业深加工企业生产的绿色膳食;晚宴,是来自世界各地的特色美食。建设资金与村庄结缘,互联网公司的办公室安置在村庄居民楼内,各级各类人才长期在村庄居住。真正实现"农业强、农村美、农民富","让农业成为有奔头的产业,让农民成为有吸引力的职业,让农村成为安居乐业的美丽家园"。

本书由河北省社会科学基金项目(HB20RK002),中共河北省委党校(河北行政学院)资助出版。从开始的项目申报到最后的出版印刷,给我们提供指导、提供帮助、提供信息与资料的

— 176 —

人很多很多,在我们为村庄美好未来不断憧憬的时候,也对你们无私的奉献表示感谢。党中央、国务院作出实施乡村振兴战略的决定,因为有了这个战略,乡村的美好未来指日可待,中国梦,乡村梦,必定成真!

　　我们将继续进行村庄整合与人口集聚及其相关问题的研究,继续关注村庄的发展和变化。

宋国学　　刘景芝

责任编辑：孟　雪
封面设计：曹　妍
责任校对：刘　青

图书在版编目(CIP)数据

乡村振兴战略下村庄整合与人口集聚模式研究/宋国学，
　刘景芝 著. —北京：人民出版社，2022.6
ISBN 978－7－01－024680－2

Ⅰ.①乡…　Ⅱ.①宋…②刘…　Ⅲ.①乡村规划-关系-
人口规划-研究-中国　Ⅳ.①TU982.29②C924.23

中国版本图书馆 CIP 数据核字(2022)第 056573 号

乡村振兴战略下村庄整合与人口集聚模式研究
XIANGCUN ZHENXING ZHANLÜEXIA CUNZHUANG ZHENGHE YU
RENKOU JIJU MOSHI YANJIU

宋国学　刘景芝　著

人民出版社 出版发行
(100706　北京市东城区隆福寺街 99 号)

环球东方(北京)印务有限公司印刷　新华书店经销

2022 年 6 月第 1 版　2022 年 6 月北京第 1 次印刷
开本：880 毫米×1230 毫米 1/32　印张：5.75
字数：130 千字

ISBN 978－7－01－024680－2　定价：28.00 元

邮购地址 100706　北京市东城区隆福寺街 99 号
人民东方图书销售中心　电话 (010)65250042　65289539